U0166044

IDC认证（初级）
——服务器售后方向

仁知学院编委会 ◎ 著

http://press.hust.edu.cn

中国·武汉

图书在版编目(CIP)数据

IDC 认证:初级.服务器售后方向/仁知学院编委会著.—武汉:华中科技大学出版社,2019.8(2024.9 重印)
(仁知学院系列丛书)
ISBN 978-7-5680-5554-3

Ⅰ.①I…　Ⅱ.①仁…　Ⅲ.①机房管理　Ⅳ.①TP308

中国版本图书馆 CIP 数据核字(2019)第 184616 号

IDC 认证(初级)——服务器售后方向　　　　　　　　　　　　　　　仁知学院编委会　著
IDC Renzheng(Chuji)—Fuwuqi Shouhou Fangxiang

策划编辑:康　序
责任编辑:郑小羽
封面设计:孢　子
责任监印:朱　玢
出版发行:华中科技大学出版社(中国·武汉)　　　　电话:(027)81321913
　　　　　武汉市东湖新技术开发区华工科技园　　　　邮编:430223
录　　排:武汉三月禾文化传播有限公司
印　　刷:武汉市首壹印务有限公司
开　　本:787mm×1092mm　1/16
印　　张:9.5
字　　数:247 千字
版　　次:2024 年 9 月第 1 版第 4 次印刷
定　　价:45.00 元

仁知学院系列丛书编委会

朱大鹏　兴安职业技术学院

刘本发　湖北青年职业学院

潘登科　湖北青年职业学院

段　平　湖北城市建设职业技术学院

黄莎莉　湖北城市建设职业技术学院

王　燕　内蒙古大学

李乌云格日乐　内蒙古大学

（企业成员）

唐　凯　　国　良　　余　成　　曾　毅

邓范林　　张春桥　　梁　腾　　龚剑波

苑树宝　　吴　焕　　章亚杰　　王　焱

左可望　　冯建恒　　王　奇　　贾建方

陈　涛　　王　乐

前言

PREFACE

仁知学院结合金石集团十多年的行业积累与资源沉淀,以及对 IDC 行业发展与需求的有效分析,特规划了 IDC 认证课程体系。IDC 认证课程体系,融合 IDC 行业技术与互联网技术,结合职业人的相关综合技能需求,针对 IDC 行业与 IT 行业进行层次划分,将课程体系分为初级、中级、高级与专家级四个级别,旨在培养 IDC 复合型人才,规范 IDC 行业技术标准,促进 IDC 行业发展。

IDC 认证课程体系分为初级、中级、高级、专家级四个级别,分别对应着"IDC 认证初级工程师""IDC 认证中级工程师""IDC 认证高级工程师""IDC 认证技术专家"证书。课程体系学习结束后,学员可通过仁知学院的考核系统进行考核,考核通过后即可获取相应级别证书。仁知学院建立了人才资源管理系统,通过 IDC 认证的学员可以进入仁知学院人才资源库。针对仁知学院人才资源库成员,仁知学院将给予定期跟踪回访的福利,并为其提供永久性就业服务。

本书是 IDC 服务器售后岗位入门的必备书籍,书中内容结合 BAT 等公司的大型数据中心的服务器故障维修流程、技术方案而成,是入职 IDC 服务器售后岗位必须要掌握的知识。IDC 服务器售后岗位要求工程师必须掌握服务器硬件基本知识、服务器软件基本知识、服务器维修思路、服务器常见故障解决方案、IDC 现场规章制度和 IDC 机房消防安全等相关板块的知识点,以满足岗位的基本操作需求。

本书配有相应的视频课程,读者可扫描每章章首的二维码进行在线视频学习。在学习过程中遇到任何问题或者学习完成之后想参加与本书配套的 IDC 初级认证考核,欢迎通过"仁知微学堂"微信公众号联系我们。感谢各位读者的支持,祝大家学习愉快!

编　者
2019 年 1 月

目录

CONTENTS

第 1 章 服务器基本知识

学习本章内容,可以获取的知识:
- 对服务器有一定的了解,熟悉服务器的基本参数
- 掌握服务器的基本架构
- 能够识别常规服务器类型
- 熟悉服务器常见的硬件组成

本章重点:
△ 服务器的分类
△ 服务器的作用和组成
△ 服务器和普通个人计算机的异同点

1.1 服务器概述

服务器,也称伺服器,是提供计算服务的设备。其构成包括处理器、硬盘、内存、系统总线等。其架构和通用的计算机架构类似,类比于普通个人计算机。但是,由于服务器需要提供高可靠性的服务,在处理能力、稳定性、可靠性、安全性、可扩展性、可管理性等方面要求较高,所以服务器在性能、安全、管理等方面远优于个人计算机。

1.2 服务器的分类

1.2.1 按照体系架构分类

1.2.1.1 X86 服务器

X86 服务器又称 CISC(复杂指令集)架构服务器,即通常所讲的 PC 服务器,它是基于 PC 机体系结构,使用 Intel 或其他兼容 X86 指令集的处理器芯片和 X86 操作系统的服务器。其特点是价格便宜、兼容性好、稳定性较差、安全性不算太高,主要用在中小企业和非关键业务中。

1.2.1.2 非 X86 服务器

非 X86 服务器包括大型机、小型机和 UNIX 服务器,它们是使用 RISC(精简指令集)或 EPIC(并行指令代码)处理器,并且主要采用 UNIX 操作系统和其他专用操作系统的服务器。

精简指令集处理器主要有 IBM 公司的 Power 处理器(Power 8 处理器为最新款,12 核 96 线程)和 Power PC 处理器、SUN 与富士通公司合作研发的 SPARC 处理器(被 Oracle 公司收购后,在 2017 年正式被放弃)。EPIC 处理器主要有 Intel 研发的安腾处理器(主要客户是 HP,2017 年的 Itanium 处理器 9700 系列是 Intel 最后一代的安腾处理器)等。

非 X86 服务器价格昂贵、体系封闭,但是稳定性好、性能高,主要用在金融、电信等领域的大型企业的核心系统中。

1.2.2 按外形分类

1.2.2.1 机架式服务器

机架式服务器(见图 1-1)实际上是工业标准化下的产品,其外观按照统一标准来设计,配合机柜统一使用,以满足企业的服务器密集部署需求。机架式服务器的主要作用是节省空间。将多台服务器装到一个机柜上,不仅可以占用更小的空间,而且也便于统一管理。机架式服务器的宽度为 19 英寸(1 英寸=0.025 4 米),高度以 U 为单位(1U=1.75 英寸=44.45毫米),通常有 1U、2U、3U、4U、5U、7U 几种标准的机架式服务器。

图 1-1

机架式服务器的优点是占用空间小,而且便于统一管理,但受内部空间限制,扩充性较差,例如 1U 的机架式服务器大多只有 1 到 2 个 PCI 扩充槽。机架式服务器的散热性能也是一个需要注意的问题,此外,还需要机柜等设备。因此,机架式服务器多用于服务器数量较多的大型企业,也有不少小型企业采用这种类型的服务器,但将服务器交付给专门的服务器托管机构来托管,目前很多网站的服务器都采用这种方式。

1.2.2.2 刀片式服务器

刀片式服务器(见图 1-2)是指在标准高度的机架式机箱内可插装多个卡式的服务器单元,实现高可用性和高密度。刀片式服务器是一种 HAHD(high availability high density,高可用性高密度)的低成本服务器平台,是专门为特殊应用行业和高密度计算机环境设计的,其主要结构为一大型主体机箱,内部可插上许多"刀片",每一块"刀片"实际上就是一块系统主板。它们类似于一个个独立的服务器,可以使用系统软件将这些主板集合成一个服务器集群。在集群模式下,所有主板可以连接起来提供高速的网络环境,并同时共享资源,为相同的用户群服务。在集群中插入新的"刀片",就可以提高整体性能。因为每块"刀片"都是热插拔的,所以,系统可以轻松地进行替换,并且将维护时间减少到最少。

　　刀片式服务器比机架式服务器更节省空间,然而,散热问题也更突出,往往要在机箱内装上大型强力风扇来散热。这种服务器虽然比较节省空间,但是其机箱与"刀片"的价格都不低,一般应用于大型数据中心或者需要进行大规模计算的领域,如电信、金融行业以及互联网数据中心等。

图 1-2

1.2.2.3　塔式服务器

　　塔式服务器(tower server)是日常生活中见得最多、最容易理解的一种服务器,因为它的外形以及结构都跟立式 PC 差不多,如图 1-3 所示。当然,由于服务器的主板扩展性较强、插槽较多,所以体积比普通主板大一些,因此塔式服务器的主机机箱也比标准的 ATX 机箱要大,一般都会预留足够的内部空间,以便日后进行硬盘和电源的冗余扩展。

1.2.2.4　机柜式服务器

　　一些高档企业服务器的内部结构复杂,内部设备较多,有的还具有许多不同的设备单元或几个服务器都放在一个机柜中,这种服务器就是机柜式服务器(见图 1-4)。

图 1-3

图 1-4

1.3　服务器硬件组成

　　服务器系统的硬件构成与我们平常所接触的计算机有众多的相似之处,主要包含以下几个部分:CPU、内存、主板(PCH 芯片组、BMC 芯片组、BIOS 芯片、I/O 总线等)、网卡、RAID 卡、电源、机箱等。不过,服务器所用 CPU、内存都是服务器专用型号,其指令集和功能都比台式机的 CPU 和内存强大得多,尤其是现在 GPU 协处理器也成了很多高端服务器的常用件。服务器的硬盘位也比台式机多很多,且基本都会组成 RAID 使用(性能强大且安全性高)。目前服务器网卡基本都是光纤以太网卡,但是 BMC 系统的带外管理口依旧使用的是普通电口网卡。另外,高端服务器也开始使用大容量(以 T 为单位)的 PCIe 接口和 SSD 硬盘。

 本章练习

1. X86 服务器和非 X86 服务器的区别是什么?

2. 服务器的高度以 U 为单位,1U 等于多少厘米?

3. 刀片式服务器的特点是什么?

第2章　硬件基本知识

学习本章内容,可以获取的知识:
- 熟悉服务器的基本硬件组成
- 熟悉服务器各个硬件的作用
- 熟悉常见服务器故障原因
- 掌握硬件拆装的步骤

本章重点:
△ CPU 的类型及基本故障原因
△ 板卡的种类及基本故障原因
△ 硬盘的规格及基本故障原因
△ 电源的参数及基本故障原因
△ 风扇的参数及基本故障原因

2.1　中央处理器(CPU)

2.1.1　认识 CPU

2.1.1.1　概述

中央处理器(CPU,central processing unit)是一块超大规模的集成电路,如图 2-1 所示。它是一台计算机的运算核心(core)和控制核心(control unit)。它的主要功能是解释计算机指令以及处理计算机软件中的数据。

中央处理器主要包括运算器(ALU,arithmetic logic unit,算术逻辑运算单元)和高速缓冲存储器(cache,简称高速缓存)及实现它们之间联系的数据(data)、控制及状态的总线(bus)。它与内部存储器(memory)和输入/输出(I/O)设备合称为电子计算机三大核心部件。

CPU 根据生产年代的不同分为许多型号或代号(名称)。Intel 通用的 X86 服务器 CPU 都叫至强(Xeon),但系列代号有区别,如 E5、E7、Gold 、Platinum 等。AMD 通用的 X86 服务器 CPU 没有统一的名字,目前的主流产品一般是"龙"系列,如宵龙、皓龙等。

2.1.1.2　性能参数

计算机的性能在很大程度上由 CPU 的性能决定,而 CPU 的性能主要体现在其运行程

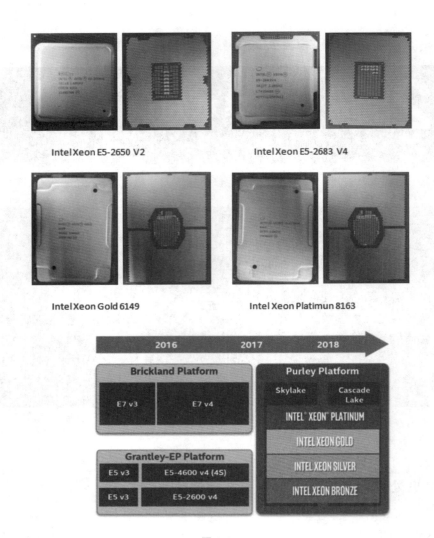

图 2-1

序的速度上。影响 CPU 运行速度的性能指标包括 CPU 的工作频率、缓存容量、指令系统和逻辑结构等参数。

1）主频

主频也叫时钟频率，其单位是兆赫（MHz）或千兆赫（GHz），用来表示 CPU 运算、处理数据的速度。通常，主频越高，CPU 处理数据的速度就越快。

CPU 的主频＝外频×倍频系数。主频和实际的运算速度之间存在一定的关系，但并不是简单的线性关系。CPU 的运算速度还要考虑 CPU 的流水线、总线等性能指标。

另外，目前的主流 CPU 还有一个功能——动态加速，如 Inter CPU 的睿频加速技术。CPU 可以根据当前任务自动调节自己的频率，这个动作发生的频率就是动态加速频率，如果不需要此功能可以在 CMOS 设置里将其关闭。

2）外频

外频是 CPU 的基准频率，其单位是 MHz。CPU 的外频决定着整块主板的运行速度。一般地，在台式机中所说的超频都是超 CPU 的外频（当然，一般情况下，CPU 的倍频都是被锁住的)。但是,对于服务器 CPU 来讲,超频是绝对不允许的。CPU 决定着主板的运行速度,两者是同步运行的,如果把服务器 CPU 超频了,改变了外频,会产生异步运行,这样会造成整个服务器系统的不稳定(注意:台式机中很多主板都支持异步运行)。

3)总线频率

前端总线(FSB)是将 CPU 连接到北桥芯片的总线。前端总线频率(即总线频率)直接影响 CPU 与内存直接数据交换速度。

外频与前端总线频率的区别:前端总线的速度指的是数据传输的速度,外频的速度指的是 CPU 与主板之间同步运行的速度。

4)倍频系数

倍频系数是指 CPU 主频与外频之间的相对比例关系。在相同的外频下,倍频越高 CPU 的主频也越高。但实际上,在相同外频的前提下,高倍频的 CPU 本身意义并不大。这是因为 CPU 与系统之间的数据传输速度是有限的,一味追求高主频的话,得到的高倍频 CPU 就会出现明显的"瓶颈"效应——CPU 从系统中得到数据的极限速度不能满足 CPU 的运算速度。

5)缓存

缓存容量也是 CPU 的重要指标之一,而且缓存的结构和大小对 CPU 运行速度的影响非常大,CPU 内缓存的运行频率极高,一般是和处理器同频运作,其工作效率远远大于系统内存和硬盘。实际工作时,CPU 往往需要重复读取同样的数据块,而缓存容量的增大可以大幅度提高 CPU 内部读取数据的命中率,不用再到内存或者硬盘上寻找数据了,以此提高系统性能。但是考虑到 CPU 芯片面积和成本等因素,缓存都很小。

L1 Cache(一级缓存)是 CPU 的第一层高速缓存,分为数据缓存和指令缓存。内置的 L1 高速缓存的容量和结构对 CPU 的性能影响较大,不过高速缓冲存储器均由静态 RAM 组成,结构较复杂,在 CPU 芯片面积不能太大的情况下,L1 高速缓存的容量不可能做得太大。一般服务器 CPU 的 L1 高速缓存的容量通常为 32~256 KB。

L2 Cache(二级缓存)是 CPU 的第二层高速缓存,有内部芯片和外部芯片两种芯片。内部芯片二级缓存的运行速度与主频相同,而外部芯片二级缓存的运行速度则只有主频的一半。L2 高速缓存的容量也会影响 CPU 的性能,原则是越大越好,以前家庭用 CPU 的 L2 高速缓存的容量最大是 512 KB,笔记本计算机用 CPU 的 L2 高速缓存容量可以达到 2 MB,而服务器和工作站用 CPU 的 L2 高速缓存的容量更大,可以达到 8 MB 以上。

L3 Cache(三级缓存)是 CPU 的第三层高速缓存,其容量对处理器的性能提高不是很重要,但在服务器领域增加 L3 高速缓存容量仍然会使性能有显著的提高。

2.1.1.3 核心数量

核心(die)又称为内核,一般指物理核心,是 CPU 最重要的组成部分。CPU 中心那块隆起的芯片就是核心,CPU 所有的计算、接受/存储命令、处理数据等操作都由核心执行。

衡量一款处理器或者计算机整机的标准之一就是处理器拥有几个核心。随着制作工艺的进步,处理器从最初的单核发展到双核、3 核、4 核、6 核、8 核、10 核、12 核、16 核,直至目前最先进的 28 核(Intel Xeon Platinum 8176)、32 核(AMD 宵龙 7601)。

目前的主流 CPU 是 Intel Xeon E5 系列 CPU,它们的核心数量从低端到高端一般有 4核、6 核、8 核、10 核、12 核、14 核、16 核、22 核。我们常用的 CPU 基本上都是 Intel 的至强，如 Intel Xeon E5 2650 v2（核心数量是 8 核）和 Intel Xeon E5 2650 v3、v4（核心数量分别是 10 核、12 核），还有部分高端设备要用到 Intel Xeon Platinum 8163（核心数量由客户定制）和 Intel Xeon Gold 6149（核心数量由客户定制）。

2.1.1.4 线程数量

理论上，一个核心只有一条线程。而超线程就是利用一个核心内空闲的资源（空闲的高速缓存、寄存器、总线之类的）再虚拟出一条线程，进行并行工作，以达到"另一个核心"的目的。一般地，在 BIOS 和 BMC 环境中看到的 CPU 核心数量是 CPU 物理核心个数，而在操作系统（包括无盘系统）和虚拟环境（如 ESXi、VMware）中看到的 CPU 核心数量都是线程数量，如图 2-2 所示。

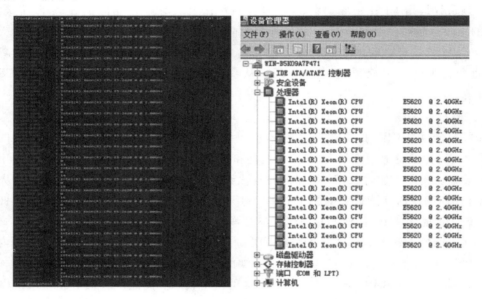

图 2-2

2.1.1.5 内存规格

内存规格是指 CPU 支持的最大内存数量（即内存容量）、内存类型、最大内存通道数等信息，这里我们主要关注 CPU 支持的最大内存数量和内存类型。某台服务器支持的内存容量和内存类型是由该服务器上的 CPU 决定的，在日常工作中我们需要弄清楚所维护的服务器支持的是哪一类内存（如 DDR3、DDR4 等）以及支持的最大内存数量（这里指内存插槽数量）。

2.1.1.6 封装规格

封装规格一般指 CPU 插槽类型（实际最终的区别是有多少针脚）、封装大小、最高 CPU 配置和最高允许温度等信息，这里我们主要关注 CPU 插槽类型和最高允许温度。CPU 最高允许温度普遍在 80℃ 以上，超过这个运行温度，轻则服务器宕机，重则烧毁 CPU，所以 CPU 的散热配置也是保证系统稳定运行的重中之重。

插槽类型则因 CPU 的型号和代号不同而不同，比如 Intel Xeon E5 低端型号 2403 和中高端型号的插槽类型就不一样，分别是 LGA 1356 和 LGA 2011。

2.1.1.7　制造工艺

CPU 制造工艺是指 IC 内电路与电路之间的距离,又叫作 CPU 制程,从早期的微米级发展到现在的纳米级。它的先进与否决定了 CPU 的性能优劣,在选择 CPU 的时候,更新了制造工艺的 CPU 一般会比同频率上一代 CPU 的性能要高出不少。所以,CPU 的发展史也可以看作是制作工艺的发展史,几乎每一次制作工艺的改进都能为 CPU 发展带来最强大的源动力。

以目前我们经常用到的 CPU——Intel Xeon E5 系列的制作工艺为例:V1(第一代)32 nm、V2(第二代)22 mm、V3(第三代)22 纳米、V4(第四代)14 nm,它们的性能一代比一代高。

2.1.2　CPU 常见故障现象及基本原因

2.1.2.1　无法开机

具体现象:主板通电后不能启动系统,屏幕没有反应,但主板的指示灯会亮,散热风扇会转。

基本原因:CPU 硬件损坏、PIN 脚接触不良。

2.1.2.2　宕机

具体现象:系统在启动过程中死机或者在运行过程中死机。

基本原因:CPU 温度过高、CPU 硬件不良。

2.1.2.3　自动重启

具体现象:非系统本身原因而不断重启。

基本原因:CPU 温度过高、CPU 硬件不良。

2.1.2.4　内存报错

具体现象:插槽识别错误、同一 CPU 的多通道(也不排除一个通道)内存报错。

基本原因:CPU 损坏(CPU 内存控制器损坏)。

2.1.2.5　PCIe 设备报错或者不能识别

具体现象:PCIe 设备报错或者不能识别。

基本原因:CPU 损坏(CPU PCIe 控制器损坏。注:目前主流 CPU 都融合了 PCIe 3.0 控制器)。

2.2　板卡

2.2.1　主板

2.2.1.1　认识主板

1. 概述

主板又叫主机板(main board)、系统板(system board)、母板(mother board)等,主板上面安装了计算机的主要电路系统,一般有 BIOS 芯片、I/O 控制芯片、键和面板控制开关接口、指示灯插接件、丰富的扩充插槽、主板及插卡的直流电源供电接插件等，以便厂家和用户在配置机型方面有更大的灵活性。

主板在整个PC或服务器中扮演着举足轻重的角色。可以说，主板的类型和档次决定着整个PC或服务器的类型和档次。主板的性能影响着整个微机系统的性能。主板示例如图2-3所示。

商用型主板1

商用型主板2

广达某型主板1

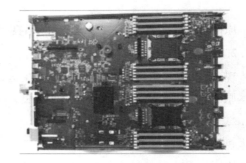

广达某型主板2

图 2-3

2. 主板结构

主板结构分为AT、Baby-AT、ATX、Micro ATX、LPX、NLX、Flex ATX、EATX、WATX以及BTX等。其中，AT和Baby-AT是多年前的老主板结构，已经被淘汰；ATX是市场上最常见的PC主板结构，扩展插槽较多，PCI和PCIe插槽数量为4～6个；Micro ATX又称Mini ATX，是ATX结构的简化版，就是常说的"小板"，扩展插槽较少，PCI插槽数量为3个或3个以下，多用于品牌机和配备小型机箱；EATX和WATX则多用于服务器/工作站主板。

3. 芯片

服务器主板上密布了很多芯片，其中主要芯片有以下几种。

1) PCH 芯片

主板主芯片原来是由北桥芯片和南桥芯片组成的，目前CPU把北桥芯片的主要功能融合了，就只剩下PCH芯片了。

PCH（平台控制中心）芯片既具有原来ICH（ICH是输入/输出控制器中心的英文缩写，负责连接PCI总线、IDE设备、I/O设备等，是英特尔南桥芯片系列名称）芯片的全部功能，又具有原来 MCH（MCH 是内存控制器中心的英文缩写，负责连接 CPU、AGP，相当于北桥芯片）芯片的管理引擎功能，主要管理 PCI、PCIe、SATA、USB、PS/2 等接口的工作。PCH 芯片示例如图 2-4 所示。

图 2-4

2）BMC 芯片

BMC（baseboard management controller，基板管理控制器）支持行业标准的 IPMI 规范。IPMI 规范描述了已经内置到主板上的管理功能，这些功能包括本地和远程诊断、控制台支持、配置管理、硬件管理和故障排除。

BMC 是一个独立的系统，它不依赖于系统上的其他硬件（比如 CPU、内存等），也不依赖于 BIOS、OS 等（但是 BMC 可以与 BIOS 和 OS 交互，这样可以起到更好的平台管理作用，OS 下有系统管理软件可以与 BMC 协同工作以达到更好的管理效果）。BMC 芯片示例如图 2-5 所示。

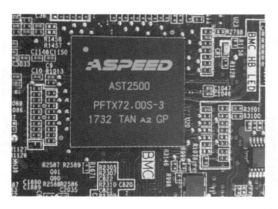

图 2-5

3）CMOS、BIOS 芯片

CMOS 芯片是一种低耗电存储器，其主要作用是存放 BIOS 中的设置信息以及系统时间信息。BIOS 设置信息在系统断电后会丢失，但存储在 CMOS（RAM 芯片）里。CMDS 芯片一般是固化在主板上的。

BIOS 是系统程序，是最底层的驱动硬件运行软件，是可以升级的。BIOS 程序文件存储在 ROM 芯片（一般为主板边缘的一个长约 1 厘米的方形芯片，有些可以拔插）里。CMOS、BIOS 芯片示例如图 2-6 所示。

图 2-6

4.主板插槽

CPU 插槽如图 2-7 所示。

图 2-7

内存插槽如图 2-8 和图 2-9 所示。

图 2-8

图 2-9

PCIe 插槽如图 2-10 所示。

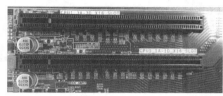

图 2-10

SATA 或 sSATA 集中接口插槽如图 2-11 所示。

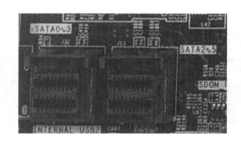

图 2-11

SATA 单个接口插槽如图 2-12 所示。

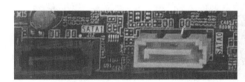

图 2-12

PCIe 硬盘接口插槽如图 2-13 所示。

图 2-13

服务器面板接口(针脚)插槽如图 2-14 所示。

图 2-14

专用接口插槽如图 2-15 所示。

图 2-15

电源线插槽如图 2-16 所示。

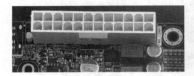

图 2-16

PSU 插槽如图 2-17 所示。

图 2-17

风扇插槽(针脚)如图 2-18 所示。

图 2-18

5. 工作原理

在电路板下面,是多层(一般为 8～12 层)排列有致的电路布线;在电路板上面,则为分工明确的各个部件:插槽、芯片、电阻、电容等。当主机加电时,电流会在瞬间通过 CPU、南北桥芯片(PCH 芯片)、内存插槽、PCIe 插槽(接口)、PCI 插槽、SAS 接口以及主板边缘的串口、并口、PS/2 接口等。随后,主板会根据 BIOS(基本输入/输出系统)来识别硬件,并进入操作系统发挥出支撑系统平台工作的功能。

2.2.1.2　主板常见故障及基本原因

主板出现故障会造成的现象非常多,每个配件报错都有可能是主板出现故障。下面主要列举一些直接的主板故障。

1. 无法开机

具体现象:确定电源有电流输入,但是按启动键(或短接主板电源开关针脚)点不亮系统(没有任何反应),系统风扇也不转动,相关指示灯也不亮(或处于非正常指示状态)。

基本原因:主板供电系统损坏、主板扩展槽或扩展卡有问题、短路、BIOS被破坏等。

2. 频繁死机或重启

具体现象:在操作系统没有任何报错的情况下频繁死机或重启(排除CPU故障)。

基本原因:主板芯片过热或者某些关键元器件出现老化。

3. 不能识别连接配件

具体现象:CPU、网卡、RAID卡、键盘、鼠标、其他板卡等不能被识别出来(排除配件问题)。

基本原因:相关控制芯片损坏、触点(PIN脚)变形、短路、接触不良、BIOS设置错误等。

4. 其他部件报错

具体现象:在排除其他部件本身损坏的情况下报告部件错误。

基本原因:接触不良、短路、元器件损坏、相关控制器(芯片)工作不稳定(不良品状态)。

5. CMOS设置不能保存

具体现象:BIOS的设置在重启系统后被初始化,系统不能正常进行工作(或者某个部件不能正常工作)。

基本原因:CMOS供电电池失效、主板损坏(电路部分)、CMOS跳线设为清除选项。

2.2.2　背板

2.2.2.1　背板的类型以及功能

服务器背板一般指的是服务器内部前端、插接硬盘后端用于连接阵列卡的电路板,也叫硬盘背板,一般起到转接和固定接口的作用。背板示例如图2-19所示。

背板上通常有SAS口、SATA口、PCIe口等,单个接口损坏一般不影响别的接口正常使用。

2.2.2.2　背板常见故障及基本原因

具体现象:硬盘不能识别或者不能正常使用(排除硬盘故障)。

基本原因:如果个别硬盘不能识别或者不能正常使用的话,说明这个硬盘所对应的接口出现线路断路、接触不良等问题;如果全部硬盘都不能正常使用,那毫无疑问是背板总线路或供电模块损坏了。

扫码观看本章2.2.2视频课程▶

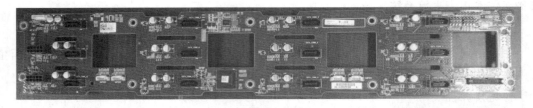

图 2-19

2.2.3　RAID 卡

2.2.3.1　认识 RAID 卡

1.概述

　　要认识 RAID 卡首先要认识 RAID。RAID 是英文 redundant array of independent disks 的缩写,翻译成中文为独立磁盘冗余阵列,简称磁盘阵列。简单地说,RAID 是把多块独立的硬盘(物理硬盘)按不同方式组合起来形成一个硬盘组(逻辑硬盘),从而提供比单个硬盘更高的存储性能,且提供数据冗余的技术。RAID 卡示例如图 2-20 所示。

图 2-20

　　另外,还有一种硬盘卡是 HBA 卡,而我们遇到的 HBA 卡是 SAS 接口的 HBA 卡,俗称 SAS 卡,这种 HBA 卡实质上就是没有 RAID 功能的 SAS 接口硬盘扩展卡,如图 2-21 所示。

　　组成磁盘阵列的不同方式称为 RAID 级别。RAID 技术经过不断发展,现在已拥有了从 RAID 0 到 RAID 7 八种基本的 RAID 级别。另外,还有一些基本 RAID 级别的组合形式,如 RAID 10/01(RAID 0 与 RAID 1 的组合)、RAID 50(RAID 0 与 RAID 5 的组合)等。不同 RAID 级别代表着不同的存储性能、数据安全性和存储成本。在用户看来,对磁盘阵列

图 2-21

的操作与对单个硬盘的操作一模一样。不同的是,磁盘阵列的存储性能要比单个硬盘高很多(主要体现在存取速度上),而且可以提供数据冗余。

RAID 卡就是用来实现 RAID 功能的板卡,通常是由 I/O 处理器、硬盘控制器、硬盘连接器和缓存等一系列零部件构成的。不同 RAID 卡支持的 RAID 功能不同。RAID 卡可以让很多磁盘驱动器同时传输数据,而这些磁盘驱动器在逻辑上又是一个磁盘驱动器,所以使用 RAID 卡可以得到单个磁盘驱动器几倍、几十倍甚至上百倍的速率。可以提供容错功能,这是 RAID 卡的第二个重要功能。

另外,一旦硬盘出现坏道(块)或者某条(些)线路出现问题,RAID 卡就会发出指令给系统,硬盘状态指示灯就会亮起红灯。当然,有时背板出现线路问题硬盘状态指示灯也会亮起红灯,因为 RAID 卡并不能区分是哪些线路出现了问题,而系统只要收到 RAID 卡的指令,硬盘状态指示灯就会亮起红灯或橙灯。

2. 接口类型

接口类型是指 RAID 卡支持的硬盘接口,主要有四种(按出现的先后顺序):IDE(ATA -1、PATA,又叫并口)接口、SCSI 接口、SATA 接口和 SAS 接口。目前最常用的是 SATA 接口和 SAS 接口。

SATA(serial ATA)接口又叫串口,主要为 SAS 接口普及前主流服务器所采用的 RAID 卡类型。

SAS 接口是新一代的 SCSI 技术,和现在流行的 SATA 硬盘相同,都是采用串行技术以获得更高的传输速度。

SAS 系统的背板既可以连接具有双端口、高性能的 SAS 驱动器,也可以连接高容量、低成本的 SATA 驱动器。但需要注意的是,SATA 系统并不兼容 SAS,所以 SAS 驱动器不能连接到 SATA 背板上。

2.2.3.2　RAID 卡常见故障及基本原因

1. 检测不到硬盘

具体现象:硬盘不能被检测出来、识别硬盘需要好长时间(排除硬盘和硬盘背板故障)。

基本原因:RAID(HBA)卡金手指、数据线接触不良或者物理损坏。

2. 不能识别 RAID 卡或报代码错误

具体现象:开机找不到 RAID 卡或者开机 RAID 卡报代码错误(在 RAID 卡上恢复原设置也不能解决)。

基本原因:RAID 卡物理损坏。

3. RAID 信息丢失

具体现象:RAID 卡能识别硬盘,但 RAID 信息丢失,RAID 功能不能正常使用。

基本原因:RAID 卡物理损坏。

4. 硬盘经常掉线

具体现象:RAID 阵列内的一块或多块硬盘经常无故掉线。

基本原因:RAID 卡性能不稳定、物理损坏。

5. 不能做 REBUILD

具体现象:更换 RAID 阵列内的一块硬盘后,此硬盘(排除硬盘问题)不能做 REBUILD。

基本原因:RAID 卡性能不稳定、物理损坏。

2.2.4 GPU 卡

2.2.4.1 认识 GPU 卡

GPU 的全称是 graphic processing unit,中文翻译为"图形处理器",是显卡的核心部件,所以从广义上说 GPU 卡就是显卡,其性能高低主要取决于 GPU 芯片性能的高低。

我们这里讲的 GPU 卡不是指普通显卡,虽然从本质上说它也是显卡,但它一般没有显示输出接口,或者不以普通显卡的形式生产,不承担显示功能,在这里可以称之为协处理器,如图 2-22 和图 2-23 所示。

AMD Firepro S7150×2

NVIDIA Tesla P100

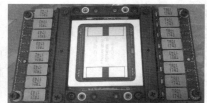

NVIDIA GV100-895-A1

图 2-22

GPU 卡的主要功能是利用图形处理器(GPU)和 CPU 加快科学、分析、工程、消费和企业应用程序的运行速度。GPU 加速计算功能可以提供非凡的应用程序性能,能将应用程序计算密集部分的工作负载转移到 GPU,同时仍由 CPU 运行其余程序代码。从用户的角度来看,应用程序的运行速度明显加快。

图 2-23

GPU 卡为 PCIe 接口,主要由 GPU、显存、供电模块组成,直接插在主板(或者 PCIe 扩展板卡)上的 PCIe 插槽内。GPU 卡主要用于人工智能、图像识别、大数据挖掘分析、视频分析、加密解密等行业,实现计算速度和精确度数倍提高。

2.2.4.2 GPU 卡故障的报错信息及导致的现象

具体现象:GPU 卡工作不正常,一般没有外表可视现象,基本都是系统(硬件不正常)、应用(运行崩溃等)或监控报错。

基本原因:卡槽接触不良、硬件损坏。

2.2.5 网卡

2.2.5.1 认识网卡

网卡又称为通信适配器或网络适配器(network adapter)或网络接口卡 NIC(network interface card),是连接计算机与外界局域网的一块网络接口板,如图 2-24 所示。

图 2-24

按数据传输形式(传输媒介不同)来分类的话,网卡分为有线网卡和无线网卡。

1.有线网卡

1)接口类型

有线网卡根据主板接口类型(总线类型)的不同,主要有 ISA 接口网卡、PCI 接口网卡、PCI-X 接口网卡、PCIe(x1/x4/x8/x16)接口网卡、USB 接口网卡等。

ISA 接口网卡是最早期(20 世纪 80 年代末)的接口,由于其传输速度很慢,很快被淘汰了,目前市场上已经见不到这个接口的网卡了。

PCI 接口网卡一般用于台式机和早期的服务器,理论带宽速率最高可以到千兆,不过市场上一般为百兆产品。

PCI-X 接口网卡的带宽速率最高为 4 086 Mbps/s,一般用于较早期的服务器。

PCIe 接口网卡是目前的主流网卡,台式机和服务器都在用,也是我们目前工作中遇到的最多的网卡类型,其最高传输速度可达到 10 Gbps/s。

USB 接口网卡一般用于台式机和笔记本,主要体现了设备的扩展功能和便利性。

注:有线网卡分集成网卡和独立网卡,其中集成网卡是指把网卡芯片和相关功能模块直接焊接在主板上,其总线类型和独立网卡是一样的,只不过与主板的连接方式不是通过主板的外部接口而已。

2)端口类型

这里讲的端口类型主要是指网卡与网络传输线缆的物理连接类型,一般分为"电口"和"光口"。

RJ-45 就是我们现在常见的有线网卡端口(电口),俗称"水晶头",专业术语为 RJ-45 连接器,属于双绞线以太网接口类型。RJ-45 的插头只能沿固定方向插入,设有一个塑料弹片与 RJ-45 插槽卡住以防止脱落。这种端口在 10Base-T 以太网、100Base-TX 以太网、1 000 Base-TX 以太网中都可以使用,其传输介质都是双绞线,不过根据带宽的不同对传输介质也有不同的要求,特别是用于 1 000Base-TX 千兆以太网连接时,至少要使用超五类线,要保证稳定高速的话还要使用 6 类线。此类端口类型的网卡一般最高为千兆网卡。

通常光口网卡又被称为光纤以太网卡,特别适合于接入信息点的距离超出五类线接入距离(100 m)的场所,一般由网卡的光纤接口模块(光电转换功能)通过光纤线缆与光纤通道交换机连接,光纤接口模块为 SFP(传输率 2 Gb/s)和 GBIC(1 Gb/s),对应的接口为 SC 和 LC。此类端口类型的网卡一般为千兆(含)以上网卡。

2.无线网卡

无线网卡是终端无线网络的设备,是不通过有线连接、采用无线信号进行数据传输的终端。

无线网卡根据主板插口类型(总线类型)的不同,主要有 PCMCIA 无线网卡、PCI 无线网卡、Mini PCI 无线网卡、USB 无线网卡、CF/SD 无线网卡等。

无线网卡也分集成网卡和独立网卡,一般用于笔记本计算机、家用计算机和手持通信终端(手机、平板计算机等)。

2.2.5.2 网卡的常见故障及基本原因

1.网卡丢失

具体现象:系统不能识别网卡(排除主板故障,一般网卡故障和 CPU 没有关系)。

基本原因:网卡插接口接触不良、网卡物理损坏。

2.工作不稳定

具体现象:网络不能连接或时通时断、传输数据丢包率过大(排除网络连接线路及光电模块故障),如图 2-25 所示。

基本原因:网卡插接口接触不良、网卡物理损坏。

图 2-25

2.3 内存

2.3.1 认识内存

内存(memory)又称为内存储器,由内存芯片、电路板、金手指等组成,如图 2-26 所示。

图 2-26

其特点是存取速率快。一般用于暂时存放 CPU 中的运算数据,以及与硬盘等外部存储器交换的数据,是计算机的重要部件之一。计算机中所有程序的运行都是在内存中进行的,因此内存的性能对计算机的影响非常大。只要计算机在运行中,CPU 就会把需要运算的数据调到内存中进行运算,当运算完成后 CPU 再将运算结果传送出去,内存的运行也决定了计算机的稳定运行。事实上,除了 PC 和服务器外,显卡、硬盘、手机、平板计算机等 IT 设备中都有内存模块的存在,只不过这些设备里的内存一般都集成在主板上。本节主要针对台式机或服务器内存展开讨论。

2.3.1.1 类型

市场上的内存根据传输率、工作频率、工作方式、工作电压等的不同主要有 SDRAM、DDR(DDR2、DDR3、DDR4) SDRAM 和 RDRAM 三种类型。三种内存类型中,DDR SDRAM 内存占据了主流市场;SDRAM 内存已不再发展,处于被淘汰的行列;RDRAM 则始终未成为市场的主流产品,只有部分芯片组支持,而这些芯片组也已经退出了市场。

1. SDRAM 内存

SDRAM,即 synchronous DRAM(同步动态随机存储器),是早期 PC 机上最为广泛应用的一种内存类型,它的工作速度与系统总线速度是同步的。SDRAM 内存又分为 PC66、PC100、PC133 等不同规格,规格中的数字代表该内存所能允许的最大正常工作系统总线速度,比如 PC100 就说明此内存可以在系统总线为 100 MHz 的计算机中同步工作。与系统总线速度同步也就是与系统时钟同步,这样就避免了不必要的等待周期,减少了数据存储时间。

SDRAM 内存采用 3.3V 工作电压和 168 针脚的 DIMM 接口,其内存模块(金手指部分)有两个缺槽。

2. DDR SDRAM 内存

DDR SDRAM(double data rate DRAM,双倍速率同步动态随机存储器)内存简称 DDR 内存,是在 SDRAM 内存的基础上发展而来的。SDRAM 内存在一个时钟周期内只传输一次数据,它在时钟的上升期进行数据传输;而 DDR 内存在一个时钟周期内传输两次数据,它能够在时钟的上升期和下降期各传输一次数据,其数据传输速度是标准 SDRAM 内存,因此称为双倍速率同步动态随机存储器。

DDR 内存采用的是支持 2.5V 电压的 SSTL2 标准,在外形体积上 DDR 内存与 SDRAM 内存相差并不大,但 DDR 内存采用的接口有 184 个针脚,比 SDRAM 内存多出了 16 个针脚,其内存模块(金手指部分)只有一个缺槽,与 SDRAM 内存模块并不兼容。

DDR 内存在命名原则上也与 SDRAM 内存不同。SDRAM 内存是按照时钟频率来命名的,例如 PC 100 与 PC 133。而 DDR 内存则以数据传输速率作为命名原则,例如 PC 1600 以及 PC 2100,数据传输速率的单位为 MB/s。所以,DDR 内存中的 DDR-200 MHz 其实与 PC 1600 是相同的规格,数据传输速率为 1 600 MB/s(64 bit÷8×100 MHz×2＝1 600 MBytes),而 DDR-266 MHz 与 PC 2100 也是一样的规格(64 bit÷8×133 MHz×2＝2 128 MBytes)。

3. DDR2 内存

DDR2/DDR II SDRAM 内存简称 DDR2 内存,它是由 JEDEC(电子设备工程联合委员会)开发的新生代内存技术标准。它与上一代 DDR 内存技术标准最大的不同就是,虽然都采用了在时钟的上升/下降沿同时进行数据传输的基本方式,但 DDR2 内存却拥有两倍于上一代 DDR 内存的预读取能力(即 4 bit 数据读预取)。换句话说,DDR2 内存每个时钟能够以 4 倍的外部总线速度读/写数据,并且能够以 4 倍的内部控制总线速度运行。

DDR2 内存采用 1.8 V 电压、240 针脚的接口,其内存模块(金手指部分)只有一个缺槽,但并不与 DDR 内存兼容。

DDR2 内存也是以数据传输速率作为命名原则,例如 DDR2-533 MHz 的名称是 PC2-1300(64 bit×133 MHz×4÷8＝4 256 MBytes),DDR2-800 MHz 的名称是 PC2-6400(64 bit×200 MHz×4÷8＝6 400 MBytes)。

4. DDR3 内存

DDR3 SDRAM 内存提供相较于 DDR2 SDRAM 内存更高的运行性能与更低的电压,是 DDR2 SDRAM 内存(四倍速率同步动态随机存储器)的后继者(增加至八倍),简称 DDR3 内存。DDR3 内存相对于 DDR2 内存,其实只是在规格上有所提高,并没有真正的全面换代的新架构。但 DDR3 内存必须是绿色封装,不能含有任何有害物质。

DDR3 内存采用 1.5 V 电压,接口针脚数和 DDR2 内存一样,不过内存模块(金手指部分)防呆缺槽的位置与 DDR2 内存不一样,所以并不兼容 DDR2 内存。

DDR3 内存的命名规则与 DDR2 内存一样,例如 DDR3-1600 MHz 的名称是 PC3-12800(64 bit÷8×200 MHz×8＝12 800 MBytes)。

5. DDR4 内存

2011 年 1 月 4 日,三星电子研发了史上第一条 DDR4 内存。2012 年 9 月 26 日,JEDEC

公布了 DDR4 内存的标准规范"JEDEC DDR4(JESD79-4)"。

DDR4 内存相比于 DDR3 内存的最大区别有三点:16 bit 预取机制(DDR3 为 8 bit);同样内核频率下理论速度是 DDR3 内存的两倍;更可靠的传输规范,数据可靠性进一步提升。

DDR4 内存的标准电压分为 1.2 V 和 1.05 V,前期均为 1.2 V,后期随着颗粒工艺的提升,将全面过渡到 1.05 V 。DDR4 的接口针脚数为 284 个。DDR4 内存的整体尺寸和 DDR3 内存大致相同,但金手指呈弯曲状,中间防呆缺槽的位置相比 DDR3 内存更靠近中央,和 DDR3 内存不兼容。

DDR4 内存的命名规则又回到了以时钟频率(DDR 时钟频率是指等效频率)命名的 SDRAM 时代,例如 DDR4-2400 MHz 的名称是 PC4-2400。

6. RDRAM 内存

RDRAM 内存是美国的 Rambus 公司开发的一种内存。与 DDR 内存和 SDRAM 内存不同,它采用了串行的数据传输模式。在推出时,因为其彻底改变了内存的传输模式,无法保证与原有的制造工艺相兼容,而且内存厂商要生产 RDRAM 还必须要缴纳一定的专利费用,加之其本身的制造成本比较高,所以普通用户无法接受 RDRAM 高昂的价格。而同时期的 DDR 内存则以较低的价格、不错的性能,逐渐成为主流产品,虽然 RDRAM 曾受到英特尔公司的大力支持,但始终没有成为主流产品。

2.3.1.2 主要技术

服务器及小型机内存与普通 PC 机(个人计算机)内存在外观和结构上没有明显的实质性区别,主要是在内存性能上引入了一些新的特有的技术,如 ECC、Chipkill、Register、热插拔技术等,具有极高的稳定性和纠错性能。

1. ECC

ECC 本身并不是一种内存型号,也不是一种内存专用技术,它是一种广泛应用于各种领域的计算机指令,是一种指令纠错技术。ECC 的英文全称是"error checking and correcting",对应的中文名称就叫作"错误检查和纠正",从这个名称我们就可以看出它的主要功能是"发现并纠正错误",主要价值在于它不仅能发现错误,而且能纠正这些错误,这些错误纠正之后计算机才能正确执行后续任务,确保服务器的正常运行。

2. Chipkill

Chipkill 技术是 IBM 公司为了解决服务器内存中 ECC 技术的不足而开发的,是一种新的 ECC 内存保护标准。ECC 内存只能同时检测和纠正单一比特错误,如果同时检测出两个以上比特的数据有错误,则一般无能为力。

服务器海量内存的应用,使单一内存芯片上通常一次性要读取 4(32 位)或 8(64 位)字节以上的数据,这样出现多位数据错误的可能性会大大地提高,而 ECC 又不能纠正双比特以上数据的错误,这样很可能造成全部比特数据的丢失,系统很快就崩溃了。IBM 的 Chipkill 技术可以同时检查并修复 4 个错误数据位,服务器的可靠性和稳定性得到了更加充分的保障。

3. Register

Register 即寄存器或目录寄存器,在内存上的作用我们可以把它理解成书的目录,有了它,当内存接到读写指令时,会先检索此"目录",然后再进行读写操作,这将大大提高服务器内存的工作效率。带有 Register 的内存一定带缓存，并且常见到的 Register 内存也都具有 ECC 功能，其主要应用在中高端服务器及图形工作站上。

4.热插拔技术

热插拔技术允许用户在不关闭系统、不切断电源的情况下取出和更换损坏的内存，从而提高了系统对故障的及时恢复能力、扩展性和灵活性等。但内存的热拔插技术不像硬盘的热拔插技术那么通用和普遍，此技术需要配套服务器厂家的技术才能实现。

2.3.2　内存常见故障及基本原因

2.3.2.1　无法开机

具体现象：启动服务器电源开关后，屏幕没有反应，但主板指示灯会亮，系统风扇会转（排除 CPU 故障）。

基本原因：内存条损坏。

2.3.2.2　随机性死机

具体现象：服务器正常环境、正常负载运行过程中随机性死机，并报内存错误。

基本原因：内存条损坏。

2.3.2.3　系统运行出错

具体现象：系统在高负荷运行过程中报错（内存错误），并终止任务，但不会造成死机或系统重启。

基本原因：内存性能不稳定、内存条损坏。

2.3.2.4　内存丢失

具体现象：内存容量减少，系统报内存丢失。

基本原因：内存条损坏、金手指氧化、接触不良、主板卡槽触针损坏。

2.4　硬盘

2.4.1　认识硬盘

2.4.1.1　概述

硬盘是计算机主要的存储媒介之一，是计算机的"三大件"之一，也是服务器最容易损坏的硬件。其种类有机械硬盘（HDD 传统硬盘）、固态硬盘（SSD 盘，新式硬盘）、混合硬盘（将 HHD 硬盘和 SSD 硬盘混合在一起的新式硬盘）。硬盘示例如图 2-27 所示。

机械硬盘的存储部分由一个或者多个铝制或者玻璃制碟片组成，碟片外覆盖有铁磁性材料，通过一个或多个磁头来读写数据。此类型硬盘技术成熟、可靠性高、容量大、成本低，目前仍为市场主流存储设备。其缺点是能耗高、易损坏（有高速电机等机械部件）、读写速度较慢（相比 SSD 硬盘）。

固态硬盘采用闪存颗粒来存储，其特点是存取速度极快、体积小、能耗低、没有机械结构（不宜物理损坏）等，用于对存取速度要求较高的设备（如服务器端缓存）。但固态硬盘目前的技术还不是特别成熟，具有寿命短、容量小（相比同等价格的机械硬盘）、成本高、性能不稳

图 2-27

定等缺点。

混合硬盘是一种把磁性硬盘和闪存集成到一起的硬盘,这种硬盘是机械硬盘到固态硬盘过渡期的一个产物,没有成为市场主流产品。

2.4.1.2　尺寸分类

1. 主流尺寸

3.5 英寸:一般是机械硬盘,广泛用于各种台式机、服务器、存储器。

2.5 英寸:笔记本机械硬盘、服务器 SAS 机械硬盘、SSD 硬盘(含 SAS 接口)。

2. 非主流尺寸

1.8 英寸:微型硬盘,广泛用于超薄笔记本计算机、移动硬盘及苹果播放器。

1.3 英寸:微型硬盘,产品单一,三星独有技术,仅用于三星的移动硬盘。

1.0 英寸:微型硬盘,最早由 IBM 公司开发,Micro Drive 微硬盘(简称 MD)。因符合 CF Ⅱ 标准,所以广泛用于单反数码相机。

0.85 英寸:微型硬盘,产品单一,日立独有技术,用于日立的一款硬盘手机,前 Rio 公司的几款 MP3 播放器也采用了这种硬盘。

注:非热拔插硬盘尺寸,如 M.2 接口 SSD 硬盘和 PCIe 接口卡插式 SSD 硬盘不在此列。M.2 接口 SSD 硬盘的尺寸:宽度固定为 22 mm,长度有 30 mm、42 mm、60 mm、80 mm、110 mm 五种。PCIe 接口卡插式硬盘的尺寸没有统一规格。

2.4.1.3 主要技术参数

1. 容量

硬盘的容量以兆字节（MB/MiB）、千兆字节（GB/GiB）或百万兆字节（TB/TiB）为单位，而操作系统通常采用的换算式为：1 TB=1 024 GB，1 GB=1 024 MB，1 MB=1 024 KB。但硬盘厂商通常使用的是 GB，也就是 1 GB=1 000 MB，而 Windows 系统依旧以"GB"字样来表示"GiB"单位（按 1 024 MB 换算的），因此我们在 BIOS 中或在格式化硬盘时看到的容量比厂商的标称值要小。

2. 转速（机械硬盘）

转速是指硬盘内电机主轴的旋转速度，也就是硬盘盘片在一分钟内所能完成的最大转数。硬盘转速以每分钟转多少转来表示，单位为 RPM（转/每分钟）。RPM 值越大，内部传输速率就越快，访问时间就越短，硬盘的整体性能也就越好。

民用 3.5 英寸硬盘的转速一般为 5 400 RPM、7 200 RPM，而笔记本用户的 2.5 英寸硬盘则以 4 200 RPM、5 400 RPM 为主。服务器中使用的 SCSI、SAS 硬盘（2.5 英寸和 3.5 英寸）的转速基本都采用 10 000 RPM、15 000 RPM，企业级服务器使用的 SATA 硬盘（一般为 3.5 英寸）的转速一般为 5 400 RPM、7 200 RPM。

3. 数据传输速率（机械硬盘）

硬盘的数据传输速率是指硬盘读写数据的速度，单位为兆字节每秒（MB/s）。硬盘数据传输速率包括内部数据传输速率和外部数据传输速率。

内部数据传输速率也称为持续数据传输速率，它反映了系统数据在盘片和硬盘缓冲区之间的读写速度。内部数据传输速率主要依赖于硬盘的旋转速度，但目前机械硬盘的内部数据传输速率很少能突破 200 MB/s。

外部数据传输速率也称为突发数据传输速率或接口传输速率，它标称的是系统总线与硬盘缓冲区之间的数据传输速率，外部数据传输速率与硬盘接口类型和硬盘缓存的大小有关。

4. 缓存

缓存是硬盘控制器上的一块内存芯片，具有极快的存取速度，它是硬盘内部存储和外界接口之间的缓冲器。缓存的大小与速度是直接关系到硬盘传输速度的重要因素。

2.4.1.4 接口种类

1. IDE

IDE 的全称为 integrated drive tronics，即"电子集成驱动器"，俗称 PATA 并口，是早期的硬盘接口，用 40-pin 或 80-pin 并口数据线连接主板与硬盘，外部接口速度最大为 133 MB/s，因为并口线的抗干扰性太差，且排线占空间，不利于计算机散热，故 IDE 被后来的 SATA 所取代。

2. SATA

SATA 是 serial ATA 的缩写，即串行 ATA，用 7 芯的数据线来传输数据。SATA 总线使用嵌入式时钟信号，具备了更强的纠错能力，其最大的特点在于能对传输指令（不仅仅是数据）进行检查，如果发现错误会自动矫正。SATA 3.0 的理论传输速率最高可达到 6

Gbps/s(750 MB/s),采用该接口的硬盘(含小容量的 SSD 硬盘)是目前台式机采用的主流产品,但大容量企业级机械硬盘也广泛用于服务器业务。

3. SCSI

SCSI 的英文全称为"small computer system interface"(小型计算机系统接口),不是专门为硬盘设计的接口,是一种广泛应用于小型机上的高速数据传输技术,数据传输速率最高可以达到 320 MB/s。SCSI 接口具有应用范围广、多任务、带宽大、CPU 占用率低,以及热插拔等优点。较高的价格使得 SCSI 硬盘很难普及,因此它当时主要应用于中高端服务器和高档工作站中。目前这种接口的硬盘已被 SAS 或 SATA 3.0 接口硬盘取代,只有在一些老旧服务器上才能找到。

4. SAS

SAS(serial attached SCSI)即串行连接 SCSI,是新一代的 SCSI 技术,和现在流行的 SATA 硬盘相同,都是采用串行技术以获得更高的传输速度。此接口的设计是为了改善存储系统的效能、可用性和扩充性,并且提供与 SATA 硬盘的兼容性,主要用于高档工作站和服务器。目前主流的服务器都采用的是 SAS 接口硬盘。

5. PCIe

PCIe(PCI express)是新一代的总线接口,其规格包括 X1、X4、X8、X16 以及 X32 通道(X2 用于内部接口而非插槽),PCIe 3.0 规范的 X32 接口传输速度为 8 GB/s。该接口通常用于显卡、声卡、网卡、RAID 卡等。

随着固态硬盘(SSD)性能的增强和容量的增大,专为机械硬盘设计的 AHCI 接口规范(协议)成为低延时固态硬盘的一大瓶颈。这样,固态硬盘的新接口规范(协议)NVMe 就应运而生。

目前 PCIe 接口外形一般分为两类:2.5 英寸热插拔(厂家不建议热插拔)固态硬盘外形和直接插在主板(或 PCIe 扩展卡)卡槽上的板卡外形。

2.4.1.5 硬盘位置及确认方法

以主流某厂商 12 块硬盘的标准服务器(非 PCIe 硬盘)为例。从上到下、从左到右,依次为第一块、第二块、…、第十二块硬盘,如图 2-28 所示。

```
slot * (0、1、2、3、4、5、6、7、8、9、10、11)
dev/sd* (a、b、c、d、e、f、g、h、i、j、k、l、)
```

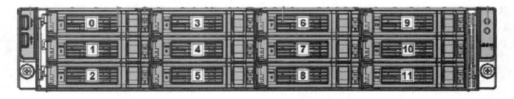

图 2-28

PCIe 硬盘在 Linux 系统下的名称如下:

```
/dev/nvme0n1
/dev/nvme1n1
/dev/nvme2n1
```

客户 Flash 卡在系统中的硬件控制器名称为：

/dev/scta

/dev/sctb

其硬盘名称为：

/dev/dfa

/dev/dfb

需要注意的是,这里的编号和 PCIe 硬盘的物理位置并不适合上述 SAS 或 SATA 接口硬盘位置的规律,需要在具体的维修中根据不同机型来现场定位。

2.4.2　硬盘常见故障及基本原因

2.4.2.1　硬盘无法识别

具体现象：系统(或 RAID 卡)不能识别出硬盘(排除背板和 RAID 卡原因),状态指示灯为黄色。

基本原因：硬盘物理损坏、数据线或电源线接触不好、线材损坏。

2.4.2.2　故障提示

具体现象：监测系统报警或操作系统报硬盘错误,状态指示灯为黄色。

基本原因：磁头、磁盘、电路等部件的工作状态不稳定,即将损坏。

2.4.2.3　系统运行死机

具体现象：系统在初始化或者运行过程中停滞,甚至死机(排除 CPU、内存、系统等原因)。

基本原因：硬盘磁道出现大量的物理坏道(基本都是操作系统所在的硬盘)。

2.4.2.4　硬盘容量丢失(SSD 硬盘)

具体现象：监控系统报警——磁盘容量丢失(在操作系统下也能看到容量减少),如图 2-29所示。

基本原因：SSD 硬盘的闪存颗粒损坏。

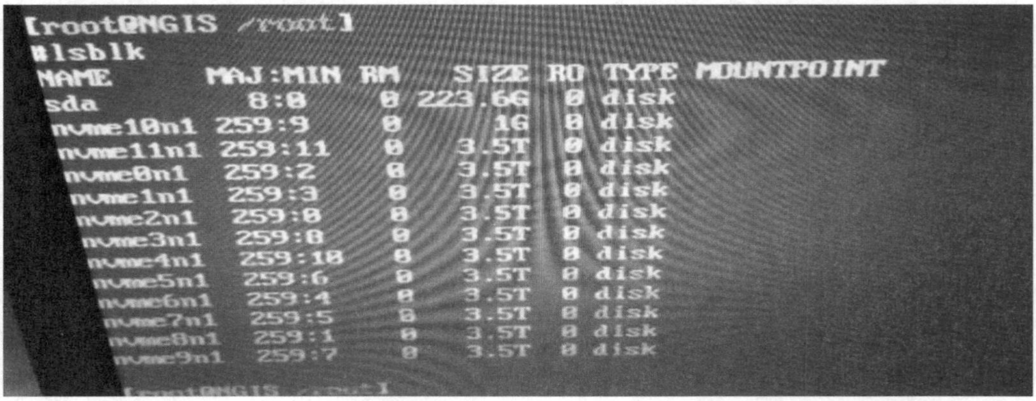

```
[root@NGIS /root]
#lsblk
NAME        MAJ:MIN  RM     SIZE  RO  TYPE  MOUNTPOINT
sda          8:0      0    223.6G  0  disk
nvme10n1   259:9      0       16   0  disk
nvme11n1   259:11     0      3.5T   0  disk
nvme0n1    259:2      0      3.5T   0  disk
nvme1n1    259:3      0      3.5T   0  disk
nvme2n1    259:8      0      3.5T   0  disk
nvme3n1    259:8      0      3.5T   0  disk
nvme4n1    259:10     0      3.5T   0  disk
nvme5n1    259:6      0      3.5T   0  disk
nvme6n1    259:4      0      3.5T   0  disk
nvme7n1    259:5      0      3.5T   0  disk
nvme8n1    259:1      0      3.5T   0  disk
nvme9n1    259:7      0      3.5T   0  disk
[root@NGIS /root]
```

图 2-29

2.5　电源（PSU）

2.5.1　认识服务器电源

　　计算机属于弱电产品，部件的工作电压一般在正负 12 伏以内，并且提供直流电。因此计算机需要一个电源（见图 2-30），该电源负责将普通 220V 市电（有些国家的市电为 110V）转换为计算机可以使用的直流电。

图 2-30

　　服务器电源就是指使用在服务器上的电源，它和台式机电源的作用一样，但又有以下不同。

　　1. 性能差异

　　服务器电源的功率大、稳定性极高。台式机电源的功率较小、稳定性一般。

　　2. 功能差异

　　服务器电源除了支持交流电输入以外，现在的新型电源还支持高压直流电（一般为 230～240V）输入；台式机电源一般只支持交流电输入。

　　3. 形状差异

　　台式机电源一般为方形，输出部分由电源线直接与计算机用电部件连接。而服务器电源一般为长条形，输出部分由金手指直接插接在主板（或电源扩展卡）上。

　　4. 数量差异

　　服务器电源一般有两个以上（冗余功能），由芯片控制电源进行负载均衡（每个电源的负载量基本是服务器总功耗的 50%），当一个电源出现故障时，另一个电源马上可以接管其工作（这种状态下，服务器会智能降低总功耗以换取系统的稳定性），在更换电源后，恢复两个电源协同工作；台式机电源一般有一个，电源出现故障后，系统直接关机。

2.5.2　电源常见故障及基本原因

　　目前我们接触的服务器都有两个以上电源，下面描述的故障情况在双电源模式下几乎不会发生，只是作为交叉测试或最小化测试中判断故障的一个参考。

2.5.2.1　主机无法开机

　　具体现象：

　　（1）按下电源键（或直接接通主板上的启动针脚）后系统不能启动，此时主板没有通电反应,电源指示灯也不亮,相当于电源没有任何电流输出。

(2)按下电源键(或直接接通主板上的启动针脚),主板有通电反应,但系统不能启动(排除 CPU、主板、内存等原因)。

基本原因:

(1)电源没有安装到位、电源物理损坏(核心部件损坏)。

(2)电源金手指损坏或接触不良、电源物理损坏(非核心部件损坏)。

2.5.2.2 系统异常重启

具体现象:系统在运行过程中异常重启,或者系统在开机时异常重启。

基本原因:电源物理损坏(部件损坏造成电源供电不稳)。

2.5.2.3 运行中意外断电

具体现象:在系统高负载运行过程中,服务器意外断电(在日常检测中较难还原此故障现象)。

基本原因:电源物理损坏(部件老化或损坏,导致电源输出功率不稳定或者不能达到设计标准)。

2.6 风扇

2.6.1 认识服务器风扇

这里说的风扇指的是服务器的散热风扇,如图 2-31 所示。

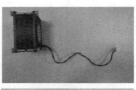

图 2-31

单个风扇的电源线一般为 4 针(1 针:黑色线为 GND。2 针:红色线为 12 V 正极。3 针:黄色线为 FG 输出——测速。4 针:蓝色线为 FWM 控制——调速)。多个风扇组成风扇组安装在服务器的前端或后端(由服务器的风道设计决定),其特点是转速高、风量大、模组化、智能化。风扇是目前主流服务器用于散热的必需部件。

2.6.2 风扇常见故障及基本原因

2.6.2.1 风扇停转

具体现象:风扇停止转动(指示灯不亮或不闪动)。

基本原因:风扇电源线松动、损坏,风扇物理损坏、烧毁。

2.6.2.2　监控系统检测不到风扇

具体现象：风扇运行正常，但监控系统不能识别或控制该风扇。

基本原因：风扇插接位置错误、插接处接触不良（管控线部分）、电源线损坏（管控线部分）。

2.6.2.3　风扇转速异常

具体现象：风扇转速过高或过低（不能自动调节转速）。

基本原因：控制软件出现问题，需要升级或刷新一下。

本章练习

1. 决定 CPU 性能的参数有哪些？
2. CPU 故障可能由哪些原因引起的？
3. 简单描述一下 PCH 的作用。
4. BMC、BIOS、CMOS 芯片分别有什么作用？
5. 简述 ECC、Chipkill、热插拔技术。
6. 简述硬盘常见的尺寸以及机械硬盘与固态硬盘的区别。
7. 电源可能会发生哪些故障？

第 **3** 章　软件基本知识

学习本章内容,可以获取的知识:
- 熟悉 BIOS 的作用和基本用法
- 熟悉 FRU 的作用和 FRU 与 SMBIOS 的异同
- 熟悉 BMC 系统的功能和用法
- 熟悉无盘系统的概念和作用
- 熟悉常见系统类型和作用

本章重点:
- △ BIOS 的用法和 BIOS 的升级
- △ FRU 的查看方法和设置
- △ BMC 系统的作用和升级
- △ 无盘系统的概念和用途
- △ 操作系统的类型和作用

3.1　BIOS

3.1.1　认识 BIOS

BIOS 是英文"basic input output system"的缩略词,直译过来后对应的中文就是"基本输入输出系统"。在 IBM PC 兼容系统上,BIOS 是一种业界标准的固件接口。

BIOS 是一组固化到计算机内主板上一个 ROM(read only memory,只读存储器,现代计算机一般使用 NOR Flash 来作为 BIOS 的存储芯片)芯片上的程序,它保存着计算机最重要的基本输入输出程序、开机后自检程序和系统自启动程序,它可从 CMOS 中读写系统设置的具体信息。其主要功能是为计算机提供最底层、最直接的硬件设置和控制。

市面上较流行的主板 BIOS 主要有 Award BIOS、AMI BIOS、Phoenix BIOS 三种。

1. Award BIOS

Award BIOS 是由 Award Software 公司开发的 BIOS 产品,在目前的主板中使用最为广泛。Award BIOS 的功能较为齐全,支持许多新硬件,市面上的多数主机板都采用这种 BIOS。

2. AMI BIOS

AMI BIOS 是由 AMI 公司（全称：American Megatrends Incorporated）出品的 BIOS 系统软件，开发于 20 世纪 80 年代中期，早期的 286、386 主机板大多采用 AMI BIOS。AMI BIOS 对各种软、硬件的适应性好，能保证系统性能的稳定。到 20 世纪 90 年代，绿色节能计算机开始普及，AMI BIOS 却没能及时推出新版本来适应市场，使得 Award BIOS 占领了半壁江山。当然，AMI BIOS 也有非常不错的表现，其新推出的版本依然功能强劲。

3. Phoenix BIOS

Phoenix BIOS 是 Phoenix 公司的产品。Phoenix BIOS 多用于高档的 586 原装品牌机和笔记本计算机，其画面简洁，便于操作。

3.1.2 BIOS 的用法及升级

3.1.2.1 BIOS 的功能和设置方法

由于不同类型 BIOS 的设置方法有所差异，下面以某型服务器为例介绍 BIOS 的使用和设置方法（重点介绍目前工作中使用到的功能）。

在服务器启动过程中按下【F2】键或【Del】键进入 BIOS 系统（不同服务器进入 BIOS 系统的方式有所区别，请以实际为准）。

1. 主要信息（Main）

图 3-1 所示界面显示的是本服务器的概要信息，详情如表 3-1 所示。

```
Aptio Setup Utility –Copyright © 2014 American Megatrends, Inc.
Main   Advanced   Server Mgmt   Recovery   Security   Boot   Save & Exit

BIOS Information                                         Set the Date/Time, Use Tab
BIOS Vendor          American Megatrends                 to switch between
Core Version         5.009                               Date/Time elements.
Compliancy           UEFI 2.3.1; PI 1.2
Project Name         B800G3
BIOS Version         0.51
Build Data and Time  01/06/2014   21:12:36

Memory Information
Total Memory         8192 MB
                                                         →←: Select Screen
System Language      English                             ↑↓: Select Item
                                                         Enter: Select
System Date          [Mon 01/19/2014]                    +/-: Change Opt.
System Time          [15:39:53]                          F1: General Help
                                                         F2: Previous Values
                                                         F3: Optimized Defaults
Access Level         Administrator                       F4: Save & Exit
                                                         ESC: Exit

Version 2.17.1245. Copyright © 2014 American Megatrends, Inc.
```

图 3-1

表 3-1

参　　数	功 能 说 明	默 认 值
BIOS Vendor	主板厂商	—
Core Version	主板核心版本	—
BIOS Version	BIOS 版本信息	—
Project Name	服务器的设备型号	—
Total Memory	服务器总内存容量	—
System Date	系统日期[Mon 01/19/2014]	显示当前日期
System Time	系统时间[15：39：53]	显示当前时间
Access Level	访问级别(Administrator)	—

2. 高级信息(Advanced)

图 3-2 所示界面显示的是本服务器的高级设置内容,在这些设置内容里,我们需要了解表 3-2 所示内容。

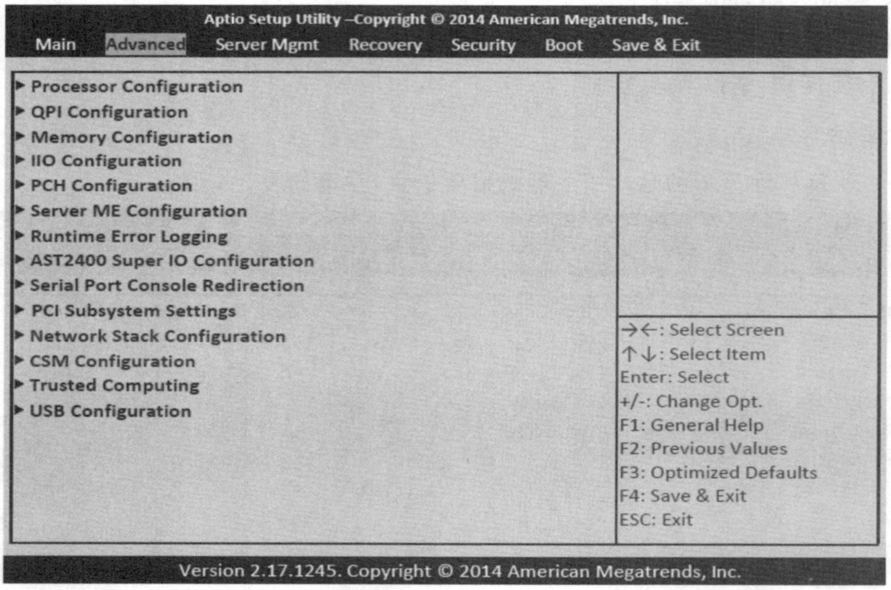

图 3-2

表 3-2

参　　数	功 能 说 明	默 认 值
Processor Configuration	处理器配置(可以查看处理器状态)	—
Memory Configuration	内存配置(显示内存参数和设置)	—
PCH Configuration	PCH 控制芯片设置	—
Server ME Configuration	服务器 ME 配置	—
Runtime Error Logging	运行时错误日志	—

续表

参　　数	功 能 说 明	默　认　值
AST2400 Super IO Configuration	AST2400 超级 IO 配置	—
Serial Port Console Redirection	串行端口控制台重定向	—
PCI Subsystem Settings	PCI 子系统设置	—
Network Stack Configuration	网络堆栈配置	—
CSM Configuration	CSM 配置	—
Trusted Computing	可信任计算机	—
USB Configuration	USB 配置	—

1）处理器配置（Processor Configuration）

从打开的 Processor Configuration 菜单（见图 3-3）我们可以看到，本服务器有两个（Processor 0 Version 和 Processor 1 Version）型号为 Intel（R）Xeon（R）E5-2697 v3 的 CPU，通常我们可以根据此界面显示的信息判断 CPU 情况，如果某个 CPU 损坏或出于某种原因不能使用了，这里就能看到相关信息。详情如表 3-3 所示。

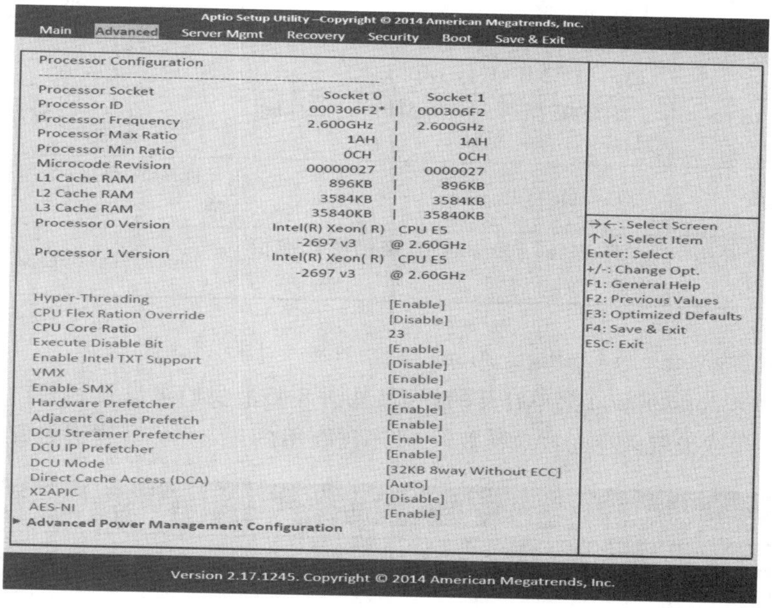

图 3-3

表 3-3

参　　数	功 能 说 明	默　认　值
Processor Socket	CPU 插槽，用于查看 CPU 数量	—
Processor ID	CPU ID 号	—
Execute Disable Bit	硬件防病毒技术开关设置	Enabled
Hyper-Threading	超线程设置	—

续表

参　数	功能说明	默　认　值
CPU Flex Ration Override	CPU 超频	
CPU Core Ratio	CPU 核心数(23)	Non-Turbo Mode Processor Core Ratio Multiplier
Execute Disable Bit	病毒防护技术设置［Disable］［Enable］	当禁用时,强制 XD 特征标志总是返回 0
VMX	Intel 硬件辅助虚拟化技术设置［Disable］［Enable］	Enabled 启用 VANDPOLL 技术,重新启动后生效
Enable SMX	启用更安全的模式扩展［Disable］［Enable］	Disable
Hardware Prefetcher	硬件预抓取技术设置［Disable］［Enable］	Enabled MLC Streamer Prefetcher
Adjacent Cache Prefetch	相邻缓存预取开关设置［Enable］［Disable］	Enabled MLC Spatial Prefetcher
DCU Streamer Prefetcher	DCU 流预取开关设置［Enable］［Disable］	Enabled DCU streamer prefetcher is an L1 data cache prefetcher
DCU IP Prefetcher	DCU IP 预取开关设置［Enable］［Disable］	Enabled DCU streamer prefetcher is an L1 data cache prefetcher
DCU Mode	DCU 模式［32 KB 8Way without ECC］［16 KB 4Way with ECC］	—
Direct Cache Access (DCA)	高级缓存访问［Disable］［Enable］［Auto］	Auto 启用直接缓存访问
X2APIC	［Disable］［Enable］	Disable 启用/禁用扩展的 APIC 支持
AES-NI	［Disable］［Enable］高级加密标准指令集	Enable/Disable AES-NI support

　　2）内存配置(Memory Configuration)

　　从 Memory Configuration 菜单打开的界面(见图 3-4)上我们可以看到和内存有关的设置项,这里主要显示或设置内存的技术参数,一般不需要用户介入操作。详情如表 3-4 所示。

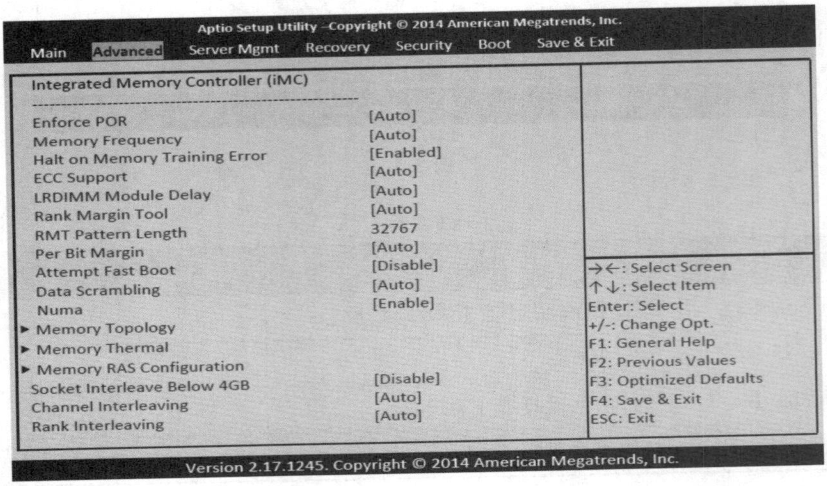

图 3-4

表 3-4

参　　数	功　能　说　明	默　认　值
Enforce POR	启用对 DDR3 频率强制 POR 限制和电压编程	强制 POR 设置选项 ［Auto］［Enforce POR］［Disabled］［Enforce Stretch Goals］
Memory Frequency	选择以兆赫为单位的最大存储器频率	内存频率［Auto］［1333］［1600］［1867］［2133］
Halt on Memory Training Error	暂停内存训练错误	内存错误终断［Disable］［Enabled］
ECC Support	启用/禁用 DDR ECC 支持	错误支持［Auto］［Disable］［Enable］
LRDIMM Module Delay	禁用时，MRC 将不使用 SPD 字节，90～95LRDIMM 模块延迟。启用时，如果 SPD 为 0 或超出范围，MRC 将边界检查值并使用默认值	［Disabled］［Auto］
Rank Margin Tool	Enables the rank margin tool to run after DDR4 memory training	［Auto］［Disable］［Enable］
RMT Pattern Length	Sets the pattern length for the Rank Margin Tool	32767
Attempt Fast Boot	启用后，部分内存引用代码将可能被跳过，以提高启动速度	［Auto］［Disable］［Enable］
Data Scrambling	启用数据加扰	［Disable］［Enable］数据 Scrambling 设置
Numa	启用或禁用非统一内存访问	［Disable］［Enable］
Channel Interleaving	［Auto］选择通道交错设置	［Auto］ ［1-way Interleave］ ［2-way Interleave］ ［3-way Interleave］ ［4-way Interleave］
Rank Interleaving	［Auto］选择列组交错设置	［Auto］ ［1-way Interleave］ ［2-way Interleave］ ［4-way Interleave］ ［8-way Interleave］

3）PCH 的配置（PCH Configuration）

从 PCH Configuration 菜单打开的界面（见图 3-5），主要显示的内容为 PCH 控制芯片的部件设置，这里的选项一般也不需要用户介入操作，其中要注意：sSATA 和 SATA 的一个设置项 Configured SATA/sSATA as 的值一般为 AHCI。详情如表 3-5 所示。

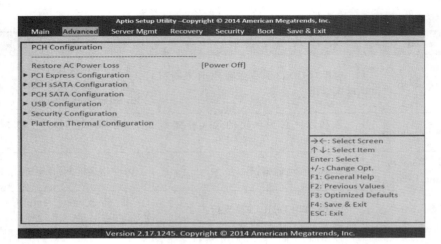

图 3-5

表 3-5

参　　数	功　能　说　明	默　认　值
Restore AC Power Loss	断开的 AC 电源恢复时的状态选项：Power Off（当电流恢复时，计算机处于关机状态）；Power On（当电流恢复时，计算机处于开机状态）；Last State（最近一次的状态，也就是断电时的状态）	断电后重新通电时，选择交流电源状态
PCI Express Configuration	PCI-E 配置（简称）	—
PCH sSATA Configuration	PCH sSATA 配置	—
PCH SATA Configuration	PCH SATA 配置	—
USB Configuration	USB 配置	—
Security Configuration	安全配置	—

　　AHCI 模式关乎硬盘的性能，在出现硬盘性能下降的情况下，可以先看一下图 3-6 所示界面上的设置是否为 AHCI 模式。其余设置项在售后维修过程中不建议操作，默认即可。详情如表 3-6 所示。

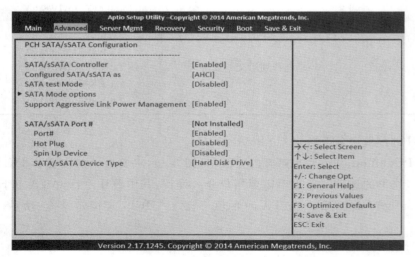

图 3-6

表 3-6

参　　数	功能说明	默　认　值
SATA/sSATA Controller	启用或禁用 SATA/sSATA 控制器	[Enabled] [Disabled]
Configured SATA/sSATA as	把 SATA/sSATA 配置为 IDE、RAID 或 ACHI	[IDE] [AHCI] [RAID]
SATA test Mode	启用或禁用 SATA/sSATA 测试模式	[Enabled] [Disabled]
SATA Mode options	—	—
SATA HDD Unlock	[Enabled] 启用:在操作系统中启用 HDD 密码解锁	[Disabled] [Enabled]
SATA Led Locate	启用 LED / SGPIO 附加硬件	[Disabled] [Enabled]
Support Aggressive Link Power Management	启用/禁用 SALP	[Disabled] [Enabled]
Port#	启用/禁用 SATA 端口	[Disabled] [Enabled]
Hot Plug	[Disabled] 将此端口指定为可热插拔端口	[Disabled] [Enabled]
Spin Up Device	[Disabled] 如果为任何端口启用,将执行交错向上旋转命令。只有驱动器开关启用了此选项,启动时才会旋转。否则,启动时所有驱动器都会启动	[Disabled] [Enabled]
SATA/sSATA Device Type	[Hard Disk Drive] 确定 SATA 端口已连接到固态驱动器或硬盘驱动器	[Hard Disk Drive] [Solid State Drive]

4) 服务器 ME 配置(Server ME Configuration)

从 Server ME Configuration 菜单打开的界面(见图 3-7)上我们可以看到服务器 ME 的相关信息,信息主要包括当前固件版本、恢复固件版本、固件特征、当前状态等,一般我们只要关注固件版本即可。ME 的相关知识如表 3-7 所示。

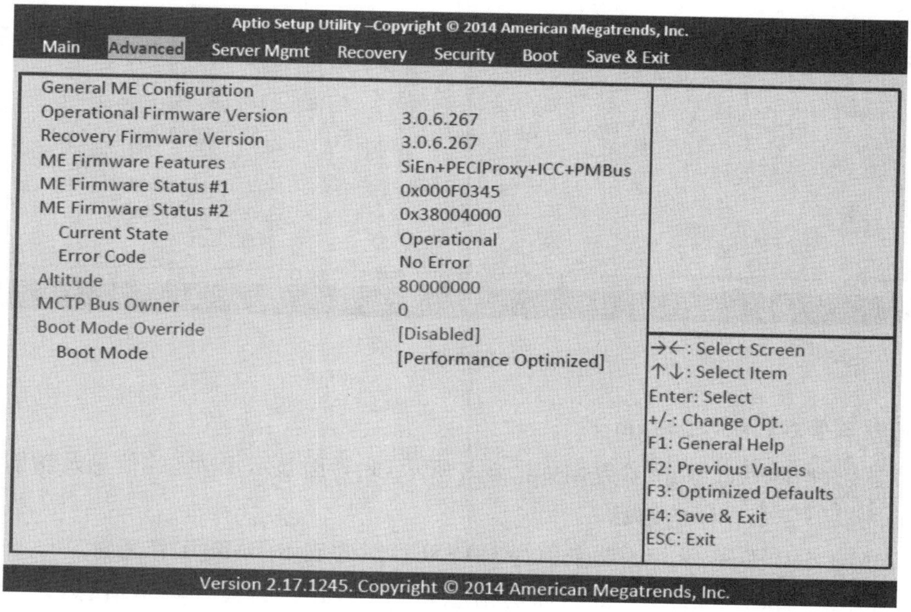

图 3-7

表 3-7

参　　数	功 能 说 明	默　认　值
Altitude	80000000	The altitude of the platform location above the see level, expressed in meters. The hex number is decoded as 2's complement signed integer. 如果高度未知,请提供 80000000 值
MCTP Bus Owner	0	MCTP bus owner location on PCIe:[15:8] bus,[7:3] device,[2:0] function. If all zeros sending bus owner is disabled. "
Boot Mode Override	启用、覆盖 NMFS 寄存器中请求的启动模式	[Disabled] [Enabled]
Boot Mode	引导模式为用户而不是 NMFS 寄存器	[Performance Optimized] [Power Optimized]

5) BMC 芯片(AST2400)超级输入输出配置(AST2400 Super IO Configuration)

此项配置(见图 3-8)主要是对 BMC 芯片串行端口的配置,一般不需用户介入操作,这里只需了解 BMC 芯片的型号即可。

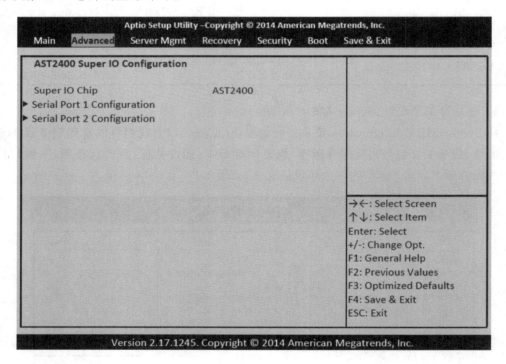

图 3-8

3.服务器管理(Server Mgmt)

服务器管理(Server Mgmt)界面如图 3-9 所示,此界面显示 BMC 的信息及功能设置,这里主要关注以下三个方面的信息。

(1) BMC Self Test Status 这个值为 PASSED 时才表示 BMC 工作正常。

(2) BMC Firmware Revision 后面的信息是当前 BMC 的固件版本信息,在刷新 BMC 固件时首先要查看当前版本信息。

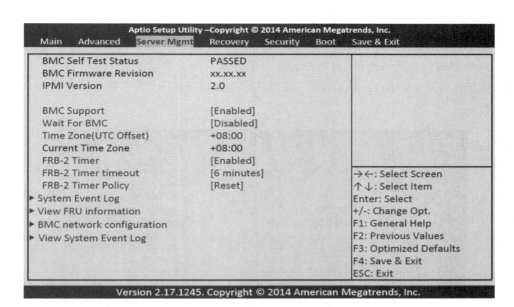

图 3-9

（3）BMC 要正常使用，BMC Support 的值就必须为 Enabled。

1）SEL 设置项（System Event Log）

SEL 设置项（System Event Log）界面如图 3-10 所示。要正常使用 BMC 系统事件日志的所有特性，SEL Components 的值就必须为 Enabled。

```
                Aptio Setup Utility —Copyright © 2014 American Megatrends, Inc.
  Main    Advanced    Server Mgmt    Recovery    Security    Boot    Save & Exit

  Enabling/Disabling Options
  SEL Components                       [Enabled]

  Erasing Settings
  Erase SEL                            [No]
  When SEL is Full                     [Do Nothing]

  Custom EFI Logging Options
  Log EFI Status Codes                 [Error code]
                                                       →←: Select Screen
  NOTE: All values changed here do                     ↑↓: Select Item
        not take effect until                          Enter: Select
        computer is restarted.                         +/-: Change Opt.
                                                       F1: General Help
                                                       F2: Previous Values
                                                       F3: Optimized Defaults
                                                       F4: Save & Exit
                                                       ESC: Exit

                Version 2.17.1245. Copyright © 2014 American Megatrends, Inc.
```

图 3-10

擦除设置项（Erasing Settings）的擦除 SEL（Erase SEL）选项分为不擦除（No）、下一次重置（Yes,On next reset）和每一次重置（Yes,On every reset）。

When SEL is Full 设置项必须选择 Do Nothing。

2）查看 SEL（View System Event Log）

图 3-11 所示是一个典型的内存 ECC 报错日志，在这里查看到的 SEL 信息和在 Linux 系统下查看到的信息是一样的，只是格式和表现方式有所差异，如图 3-12 所示。所以，在日常售后维修工作中，要学会从内存 ECC 报错日志里直接查找 BMC 系统的报错信息，以简化维修流程。

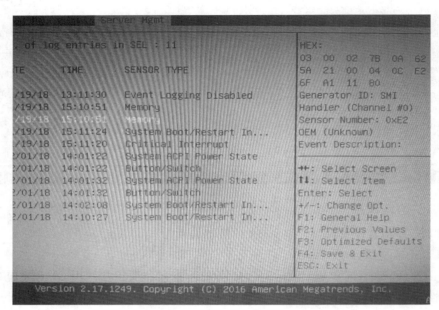

图 3-11

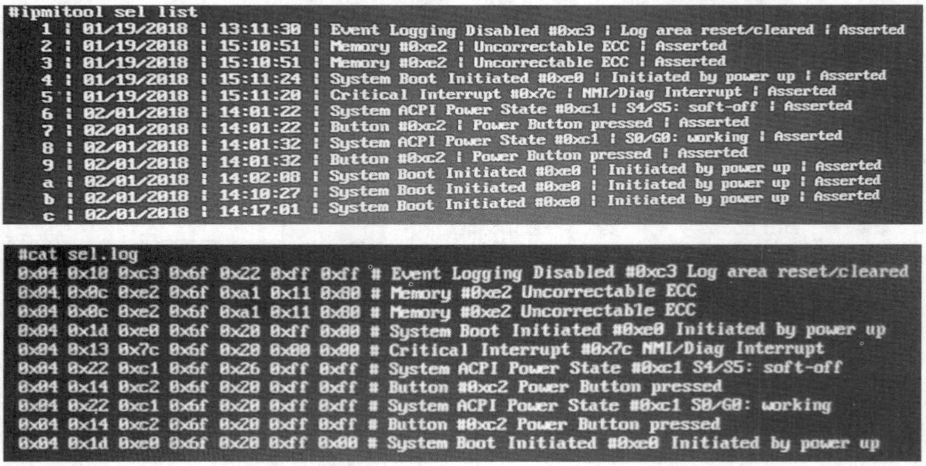

图 3-12

3）FRU 信息视图（View FRU Information）

这里会显示本服务器详细的 FRU 信息（本示例的信息全部为空值），如图 3-13 所示。

4）BMC 网络配置（BMC network configuration）

这里显示 BMC 通信的网卡信息以及设置项，如图 3-14 所示。

有些时候，我们使用 BMC 服务时需要设置其 IP 地址，其中设置方法之一就是在 BIOS

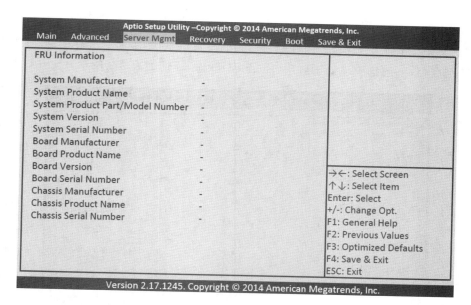

Aptio Setup Utility –Copyright © 2014 American Megatrends, Inc.

| Main | Advanced | Server Mgmt | Recovery | Security | Boot | Save & Exit |

FRU Information

System Manufacturer   -
System Product Name   -
System Product Part/Model Number   -
System Version   -
System Serial Number   -
Board Manufacturer   -
Board Product Name   -
Board Version   -
Board Serial Number   -
Chassis Manufacturer   -
Chassis Product Name   -
Chassis Serial Number   -

→←: Select Screen
↑↓: Select Item
Enter: Select
+/-: Change Opt.
F1: General Help
F2: Previous Values
F3: Optimized Defaults
F4: Save & Exit
ESC: Exit

Version 2.17.1245. Copyright © 2014 American Megatrends, Inc.

图 3-13

Aptio Setup Utility –Copyright © 2014 American Megatrends, Inc.

| Main | Advanced | Server Mgmt | Recovery | Security | Boot | Save & Exit |

BMC network configuration

Lan channel 1 (iLO/Aspeed Dedicated NIC)
Configuration Address source   [Unspecified]
Current Configuration Address Source   DynamicAddressBmcDhcp
Station IP address   00.00.00.00
Subnet mask   00.00.00.00
Station MAC address   xx-xx-xx-xx-xx-xx
Router IP address   00.00.00.00
Router MAC address   00-00-00-00-00-00

Lan channel 8 (NCSI/Shared NIC)
Configuration Address source   [Unspecified]
Current Configuration Address Sour   Unspecified
Station IP address   00.00.00.00
Subnet mask   00.00.00.00
Station MAC address   xx-xx-xx-xx-xx-xx
Router IP address   00.00.00.00
Router MAC address   00-00-00-00-00-00

→←: Select Screen
↑↓: Select Item
Enter: Select
+/-: Change Opt.
F1: General Help
F2: Previous Values
F3: Optimized Defaults
F4: Save & Exit
ESC: Exit

Version 2.17.1245. Copyright © 2014 American Megatrends, Inc.

图 3-14

中进行设置,如表 3-8 所示。

表 3-8

参　数	功能说明	默　认　值
Configuration Address source	选择以静态或动态(通过 BIOS 或 BMC)配置 LAN 通道参数。未指定的选项不会在 BIOS 阶段修改任何 BMC 网络参数	[Unspecified] [Static] [DynamicBmcDhcp] [Disabled]

4. 恢复(Recovery)

图 3-15 所示界面上为 BIOS 固件刷新参数的设置信息,本界面的所有设置项(方括号区域),非特别需要,一般都应该处于启用(Enabled)状态,详情如表 3-9 所示。

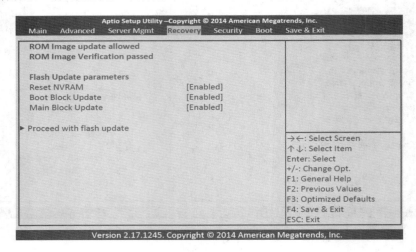

图 3-15

表 3-9

参　数	功　能　说　明	默　认　值
Reset NVRAM	将此选项设置为将 NVRAM 重置为默认值	[Disabled] [Enabled]
Boot Block Update	设置此选项以更新固件的启动块区域	[Disabled] [Enabled]
Main Block Update	设置此选项以更新固件的主块区域	[Disabled] [Enabled]

继续进行 BIOS 固件更新(Proceed with flash update):

图 3-16 所示界面上的操作是对 BIOS 设置参数的一个恢复操作。在 BIOS 的参数被更改后造成设备运行不稳定的情况下,可以在此界面上对 BIOS 进行初始化操作(恢复出厂默认值)。

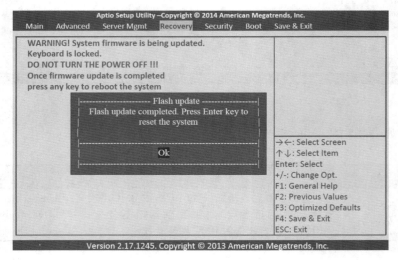

图 3-16

5. 安全选项(Security)

安全选项界面(见图 3-17)上可以对管理员和普通用户的密码进行设置,在售后维修工作中,这里的密码一般不用设置,默认为空值。

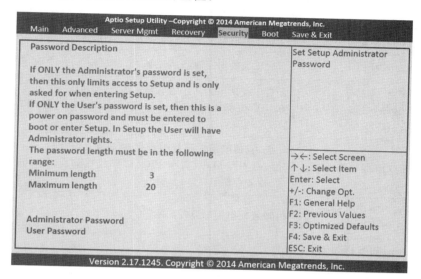

图 3-17

6. 启动选项(Boot)

在启动选项设置界面(见图 3-18)里,主要关注系统启动的引导顺序,即启动设备的优先级(boot option priorities)设置,具体参数说明如表 3-10 所示。根据服务器使用环境和运行业务的不同,系统启动的引导顺序也有所差别,更新 BIOS 固件或更换存储设备后不能进入系统的话,我们可以在这个界面里查看故障是否和系统启动的引导顺序有关。详情如表 3-10 所示。

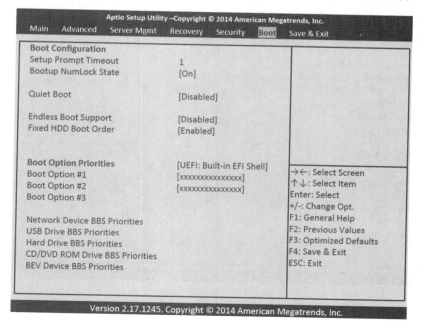

图 3-18

表 3-10

参 数	功 能 说 明	默 认 值
Setup Prompt Timeout	等待安装程序激活密钥的秒数。65535 (0xfffff)表示无限等待	1
Bootup NumLock State	选择键盘数字锁定状态	[On] [Off]
Quiet Boot	启用或禁用安静启动选项	[Disabled] [Enabled]
Endless Boot Support	启用或禁用无休止的引导支持。一旦所有引导失败,无休止引导将自动重试 INT 19	[Disabled] [Enabled]
Fixed HDD Boot Order	启用/禁用固定硬盘引导顺序支持。固定硬盘引导顺序:板载 SATA、板载存储卡、板外存储卡	[Disabled] [Enabled]
Floppy Drive BBS Priorities Hard Drive BBS Priorities CD/DVD	设置此组中旧设备的顺序	—
Network Device BBS Priorities BEV Device BBS Priorities	—	—

7. 保存和退出(Save & Exit)

在整个 BIOS 设置项的最后是保存和退出选项,其界面如图 3-19 所示。对 BIOS 设置完成后可以直接按【F4】键保存并退出,也可以在设置过程中随时保存设置变化(Save Changes)和不保存设置变化(Discard Changes),当然 Discard Changes 选项只对最后一次 Save Changes 后的设置变化负责。

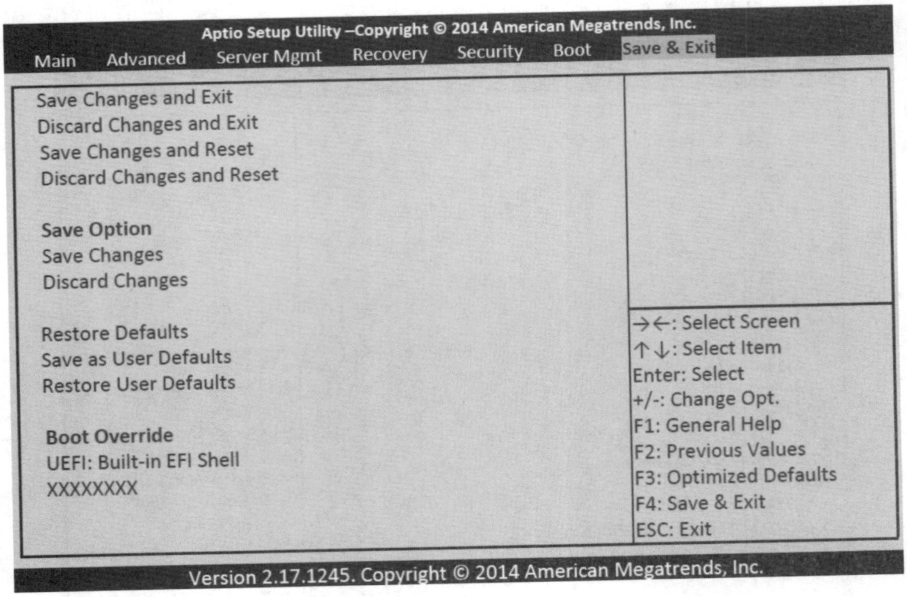

图 3-19

3.1.2.2　BIOS 升级

通常在 BIOS 遭到破坏、厂家要改善硬件性能或兼容性、新升级硬件等情况下需要对 BIOS 固件进行升级。因为 BIOS 是硬件控制的最底层配置，BIOS 的配置关系到整个设备的运行状态，所以在对 BIOS 的固件进行更新时一定要严格按照操作规范去操作。

1. BIOS 刷新注意事项

（1）开始刷新后不能中止刷新过程。

（2）开始刷新后，不能重启服务器或将服务器断电。

（3）刷新完成后要重启服务器，使新的 FW 生效。

2. BIOS 刷新命令

```
DOS:afudos 81G3A215.BIN /p /b /n /x /k /me
UEFI:AfuEfix64.efi ../81G3A215.BIN /p /b /n /x /k /me   # 这里的 64 是指 64 位系统
Windows:afuwinx64 ../81G3A215.BIN /p /b /n /x /k /me
Linux:./afulnx_64 ../81G3A215.BIN /p /b /n /x /k /me
```

也可以在工具包的 How to Update.txt 文件内找到刷新命令（默认为 Linux 系统下的命令），如图 3-20 所示。

图 3-20

由此可见，BIOS 固件刷新的命令和参数都是一样的，只是根据环境的不同使用的工具不同而已。另外，DOS 环境和 UEFI 环境下的命令是不分大小写的。

../81G3A215.BIN 是刷新文件的相对路径，如果工具和刷新文件不在同一目录下，需要指定文件的路径。

3. DOS 环境下刷新 BIOS 固件

（1）将要刷新的 BIOS Firmware 复制到制作好的 DOS 启动盘上。

（2）将 DOS 启动盘插在服务器任一 USB 口上，开机后按【F2】或者【Del】键进入 BIOS Setup 界面，如图 3-21 所示。

切换到"Save & Exit"选项页面（见图 3-22），注意 U 盘启动项、U 盘的 UEFI 启动模式、BIOS 内置的 UEFI 启动模式三个选项，这里介绍 U 盘启动的纯 DOS 环境，所以选择 U 盘启动项。注意：也可以在系统启动时按【F7】键（不同机型选择的键可能不一样）直接选择启动介质，此例中的 U 盘名称为"Teclast CoolFlash(D) 1.00"，如图 3-23 所示。

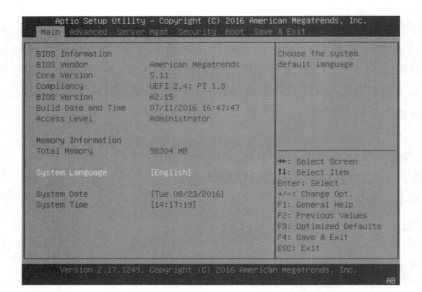

图 3-21

U盘启动项
U盘的UEFI
启动模式
BIOS内置的
UEFI启动模式

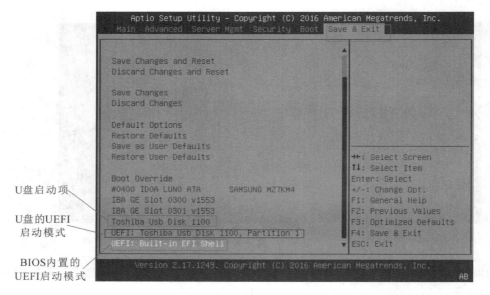

图 3-22

图 3-23

（3）开始刷新 BIOS 固件。

● 进入 DOS 环境，如图 3-24 所示。

图 3-24

● 进入 BIOS Firmware 所在的目录 81G3A215，如图 3-25 所示。

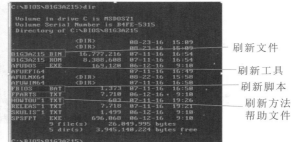

图 3-25

● 输入下列命令后按回车键。

    afudos 81G3A215.BIN /p /b /n /x /k /me

命令运行结束后需要关机、断电，再重新加电、开机，使新版本的 BIOS FW 生效。

（4）BIOS 版本检查。

开机，按【F2】或者【Del】键进入 BIOS Setup 界面，在"Main"选项页面中可以看到 BIOS
版本信息，如图 3-26 所示。

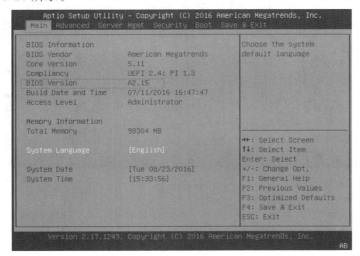

图 3-26

4. UEFI 环境下刷新 BIOS 固件

服务器有两种 UEFI 模式,一种是 DOS 启动盘中带的 UEFI,另外一种是 BIOS 自带的 UEFI,两种 UEFI 是相同的。但 BIOS 自带的 UEFI 在旧版本的 BIOS 中是没有的,此时就需要用 DOS 启动盘中带的 UEFI 了。

(1) 开机后进入 BIOS Setup 界面,选择任意一种 UEFI 模式启动项,如图 3-27 所示。

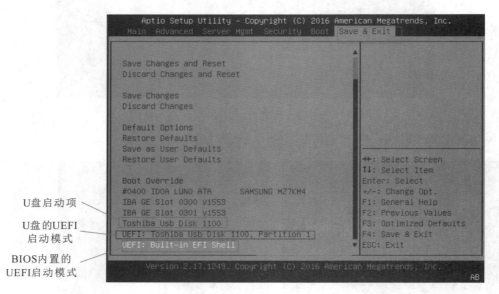

图 3-27

(2) 进入 UEFI 后页面会显示设备映射表,这里列出了块设备,如图 3-28 所示。U 盘一般为 fs0。

```
EFI Shell version 2.40 [5.11]
Current running mode 1.1.2
Device mapping table
  fs0  :Removable HardDisk - Alias hd39a0c0b blk0
        PciRoot(0x0)/Pci(0x1A,0x0)/USB(0x0,0x0)/USB(0x2,0x0)/HD(1,MBR,0xCAD4EBEA
,0x100,0x79B080)
  blk0 :Removable HardDisk - Alias hd39a0c0b fs0
        PciRoot(0x0)/Pci(0x1A,0x0)/USB(0x0,0x0)/USB(0x2,0x0)/HD(1,MBR,0xCAD4EBEA
,0x100,0x79B080)
  blk1 :HardDisk - Alias (null)
        PciRoot(0x0)/Pci(0x2,0x2)/Pci(0x0,0x0)/VenHw(CF31FAC5-C24E-11D2-85F3-00A
0C93EC93B,80)/HD(1,MBR,0x000539F5,0x800,0x64000)
  blk2 :HardDisk - Alias (null)
        PciRoot(0x0)/Pci(0x2,0x2)/Pci(0x0,0x0)/VenHw(CF31FAC5-C24E-11D2-85F3-00A
0C93EC93B,80)/HD(2,MBR,0x000539F5,0x64800,0x186A0000)
  blk3 :HardDisk - Alias (null)
        PciRoot(0x0)/Pci(0x2,0x2)/Pci(0x0,0x0)/VenHw(CF31FAC5-C24E-11D2-85F3-00A
0C93EC93B,80)/HD(3,MBR,0x000539F5,0x18704800,0x2710000)
  blk4 :BlockDevice - Alias (null)
        PciRoot(0x0)/Pci(0x2,0x2)/Pci(0x0,0x0)/VenHw(CF31FAC5-C24E-11D2-85F3-00A
0C93EC93B,80)
  blk5 :Removable BlockDevice - Alias (null)
        PciRoot(0x0)/Pci(0x1A,0x0)/USB(0x0,0x0)/USB(0x2,0x0)
Press ESC in 2 seconds to skip startup.nsh, any other key to continue. _
```

图 3-28

(3) 输入"fs0:"后按回车键,进入 U 盘,提示符会发生变化,如图 3-29 所示。

输入 dir 命令就可以看见 U 盘内的命令了,如图 3-30 所示。

图 3-29

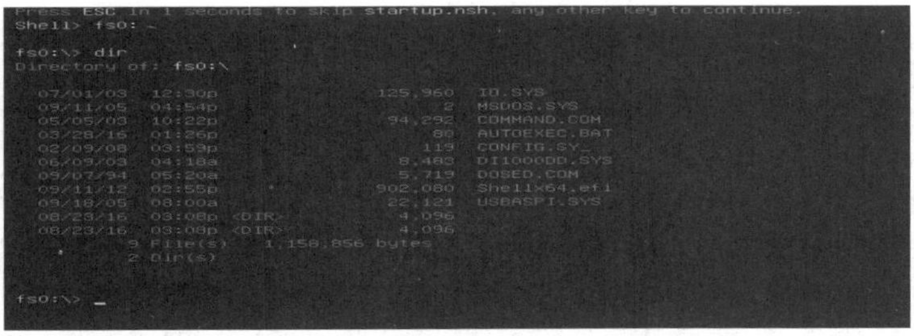

图 3-30

（4）开始刷新固件。

● 进入 FW 目录，如图 3-31 所示。

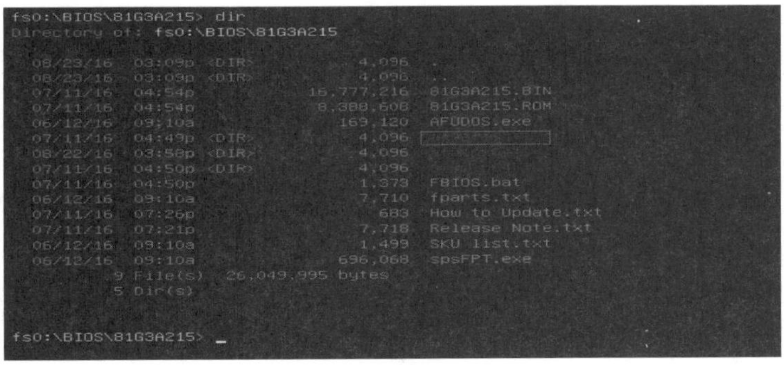

图 3-31

● 进入工具目录，如图 3-32 所示。

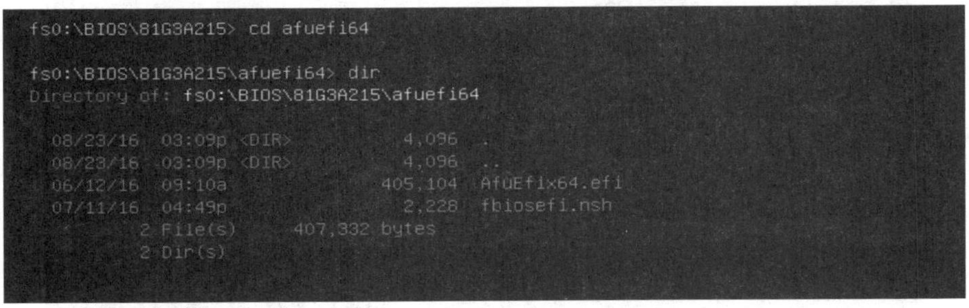

图 3-32

● 执行下列命令开始刷新，如图 3-33 所示。

```
AfuEfix64.efi../81G3A215.BIN /p /b /n /x /k /me
```

命令运行结束后需要关机、断电，再重新加电、开机，使新版本的 BIOS FW 生效。

（5）BIOS 版本检查。

开机，按【F2】或者【Del】键进入 BIOS Setup 界面，在"Main"选项页面中可以看到 BIOS 版本信息。

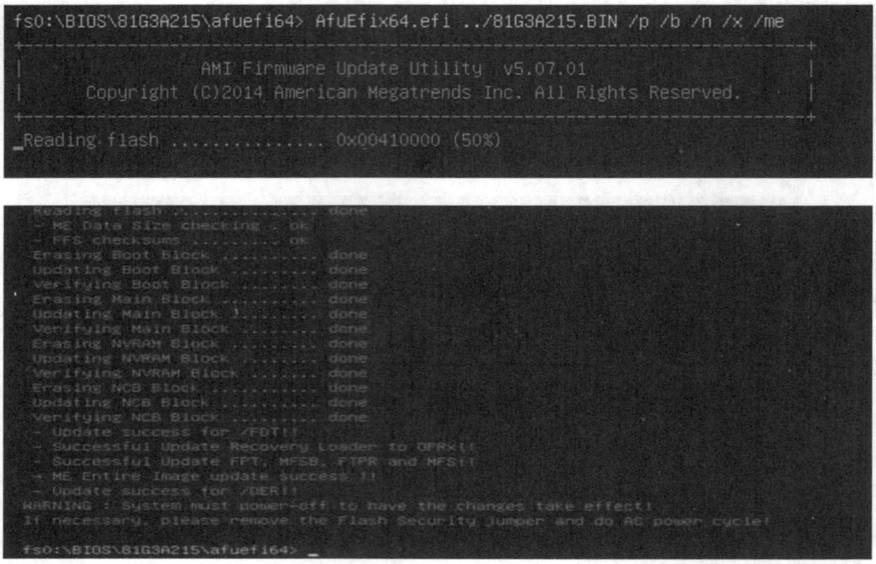

图 3-33

5. Linux 环境下刷新 BIOS 固件

(1)准备一个 U 盘,将其格式化为 FAT32 文件系统。将解压后的刷新包文件夹复制到
U 盘中。

(2)将 U 盘插入服务器的任一 USB 口,启动服务器并进入网络引导的无盘系统或者 U
盘的 Linux 系统(此系统另行准备)。

(3)挂载 U 盘。

● 查看当前 U 盘的盘符(主要以当前 U 盘的容量来判断),如图 3-34 所示。

    fdisk-l   # "1"为小写字母 l

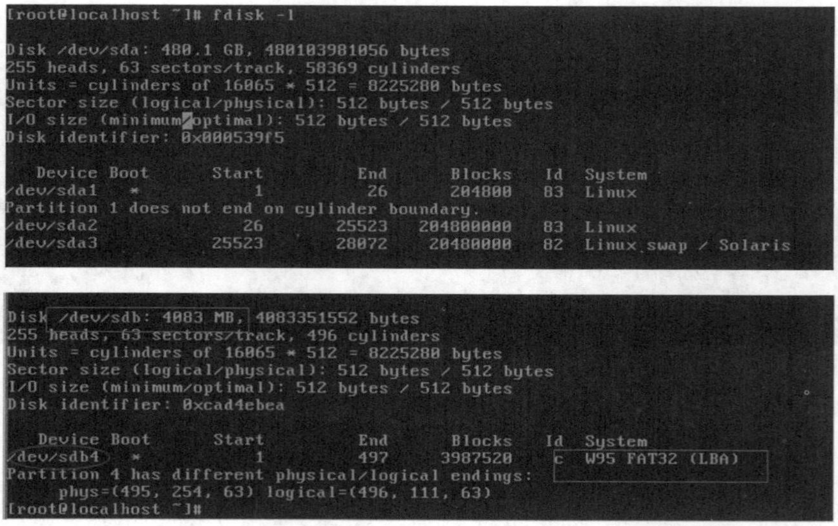

图 3-34

此例中,/dev/sdb 是 U 盘盘符,FAT32 文件系统的分区是/dev/sdb4。

● 挂载 U 盘到 media 目录,如图 3-35 所示。

```
mount /dev/sdb4  /media/
```

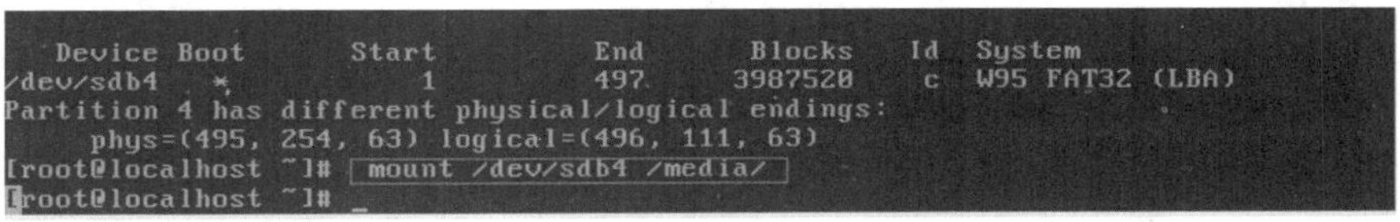

图 3-35

对于挂载 U 盘这一步操作,也可以根据自己的习惯选择目录和新建文件夹来进行挂载:

```
mkdir /mnt/usb
```

```
mount /dev/sdb4 /mnt/usb
```

● 进入刷新工具所在的目录,如图 3-36 所示。

```
cd /media
cd /81G3A215      【Linux 环境下,shell 命令区分大小写】
```

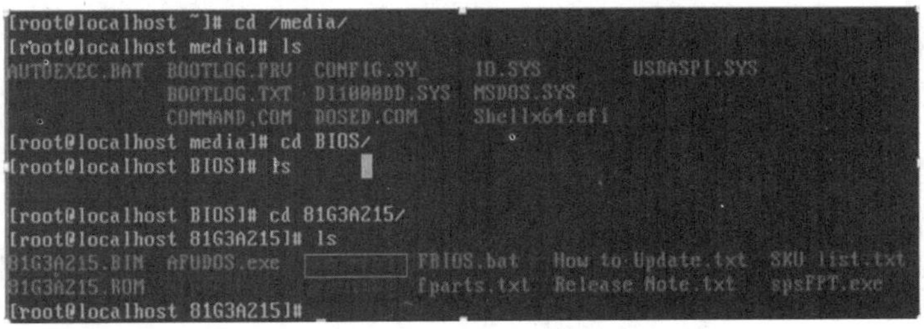

图 3-36

● 执行刷新命令开始刷新 BIOS 固件,如图 3-37 所示。

```
./afulnx_64 ../81G3A215.BIN /p /b /n /x /k /me
```

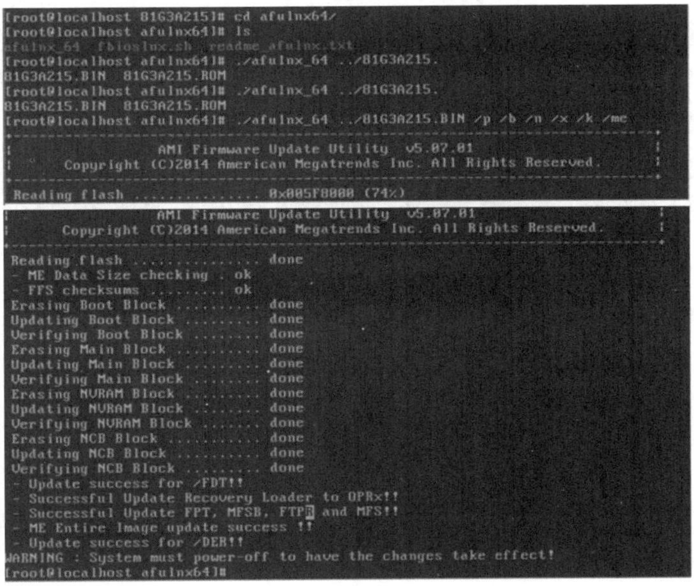

图 3-37

刷新完成后需要关机、断电，再重新加电、开机，使新版本的 BIOS FW 生效。

（4）BIOS 版本检查。

开机，按【F2】或者【Del】键进入 BIOS Setup 界面，在"Main"选项页面中可以看到 BIOS 版本信息。

6. Windows 环境下刷新 BIOS 固件

和上面所述在 DOS 环境下刷新 BIOS 固件的方法一样，进入 Windows 系统的 CMD 界面，用 Windows 下的 AFU 工具刷新即可：

afuwinx64 ../81G3A215.BIN /p /b /n /x /k /me

注：因为在实际的售后工作中，我们一般没有权限进入服务器的系统环境，所以 Windows 环境的实际应用比较少，这里就不再详细介绍。

7. 在 BMC Web 页面刷新 BIOS 固件

（1）查看 BMC 的管理 IP 地址。

● 在 BIOS 系统查看 BMC 的管理 IP 地址，如图 3-38 和图 3-39 所示。

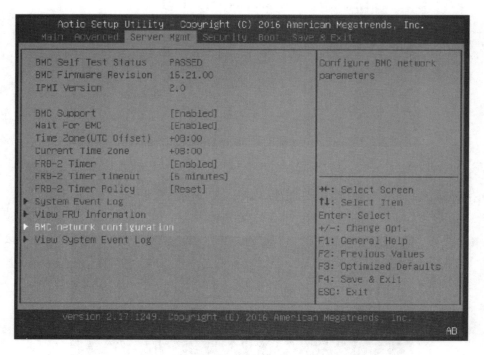

图 3-38

● 在无盘系统（或 U 盘的 Linux 系统）下查看 BMC 的管理 IP 地址，如图 3-40 所示。
ipmitool lan print 1

（2）设置 BMC 的管理 IP 地址。

如果利用上述两种方法无法查看或获取 BMC 的管理 IP 地址的话，需要我们手动设置 IP 地址。

● 在 BIOS 界面，进入 Server Mgmt 菜单，在 BMC network configuration 下，把 Configuration Address（source）设置为 Static，然后在下面的 Station IP address 和 Subnet mask 选项设置 IP 地址和子网掩码，如 192.168.0.112、255.255.255.0。

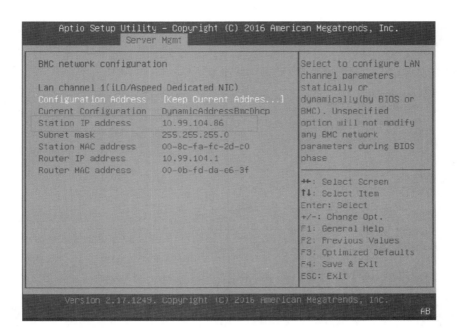

图 3-39

```
                                                              root@localhost:~/Desktop
File  Edit  View  Search  Terminal  Help
[root@localhost Desktop]# ipmitool lan print 1
Set in Progress          : Set Complete
Auth Type Support        : MD2 MD5 PASSWORD OEM
Auth Type Enable         : Callback : MD2 MD5 PASSWORD OEM
                         : User     : MD2 MD5 PASSWORD OEM
                         : Operator : MD2 MD5 PASSWORD OEM
                         : Admin    : MD2 MD5 PASSWORD OEM
                         : OEM      : MD2 MD5 PASSWORD OEM
IP Address Source        : DHCP Address
IP Address               : 10.99.104.66
Subnet Mask              : 255.255.255.0
MAC Address              : 00:8c:fa:fc:2d:c0
SNMP Community String    : AMI
IP Header                : TTL=0x40 Flags=0x40 Precedence=0x00 TOS=0x10
BMC ARP Control          : ARP Responses Enabled, Gratuitous ARP Disabled
Gratituous ARP Intrvl    : 0.0 seconds
Default Gateway IP       : 10.99.104.1
Default Gateway MAC      : 00:0b:fd:da:e6:3f
Backup Gateway IP        : 0.0.0.0
Backup Gateway MAC       : 00:00:00:00:00:00
802.1q VLAN ID           : Disabled
802.1q VLAN Priority     : 0
RMCP+ Cipher Suites      : 0,1,2,3,6,7,8,11,12,15,16,17
Cipher Suite Priv Max    : caaaXXaaaXXaaXX
                         :      X=Cipher Suite Unused
                         :      c=CALLBACK
                         :      u=USER
                         :      o=OPERATOR
                         :      a=ADMIN
                         : _    O=OEM
```

图 3-40

● 也可以用 Tftpd32 软件给服务器自动分配一个 IP 地址(这个方法也适合在不影响服务器运行业务的情况下进行的 BMC 系统操作):使用自己的手提计算机,配置 IP 为 192.168.0.＊网段,子网掩码为 255.255.255.0,无需网关;使用网线将手提计算机连接到服务器带外管理口,打开 Tftpd 软件(Tftpd32 v4.52),打开 Settings 菜单,在 DHCP 项做如图 3-41(b)所示设置,图 3-41(a)中的 IP 地址"192.168.0.1"就是分给服务器 BMC 的带外管理 IP 地址。

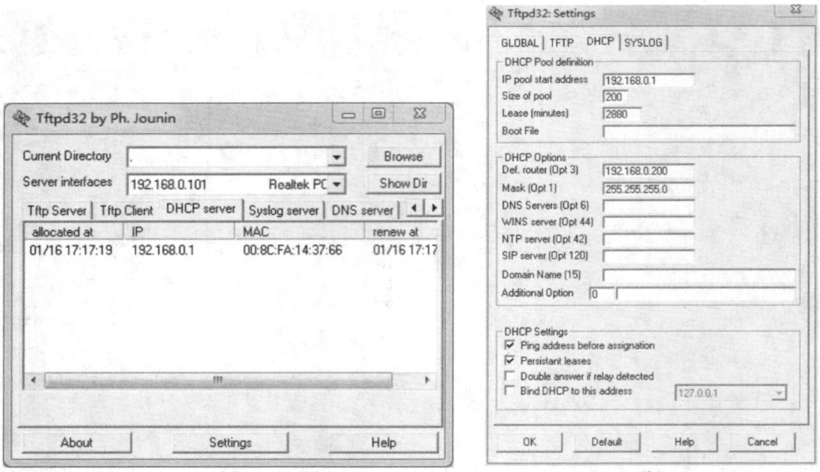

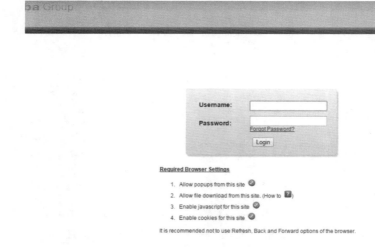

图 3-41

注意：

　　利用 Tftpd32 软件给服务器自动分配 IP 地址这种方法执行成功的前提是 BIOS 的设置项 Configuration Address（source）为 Dynamic Bmc Dhcp（根据 BIOS 版本的不同，这里显示的内容可能为 Dynamic-Obtained by BMC）。

　　（3）在连接有服务器 BMC 带外管理口的笔记本的浏览器中输入 BMC 的 IP 地址，出现如图 3-42 所示的登录界面。

图 3-42

　　输入用户名及密码，登录到 BMC 系统后单击"Firmware Update"，出现如图 3-43 所示页面，选择"BIOS Update"。

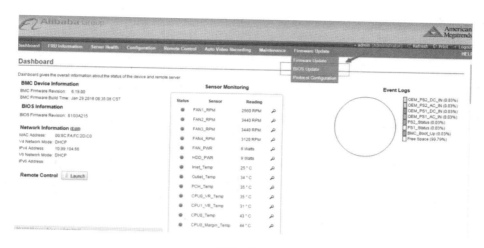

图 3-43

（4）进入刷新界面，依次单击相关按钮，如图 3-44 所示。

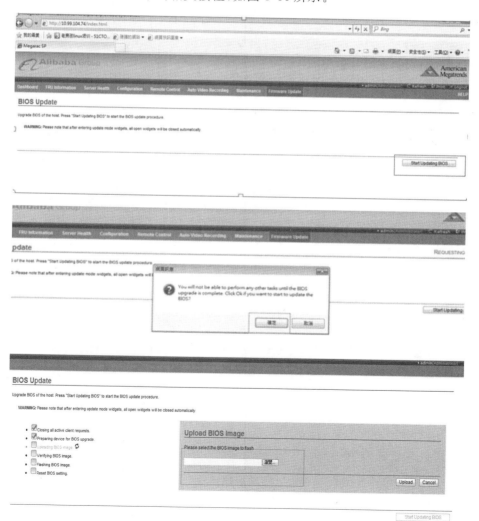

图 3-44

选择 BIN 文件，单击"Upload"，如图 3-45 所示。

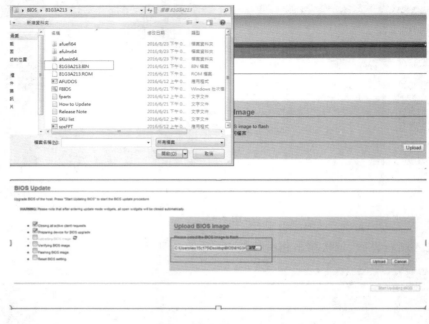

图 3-45

单击"Proceed"，如图 3-46 所示。

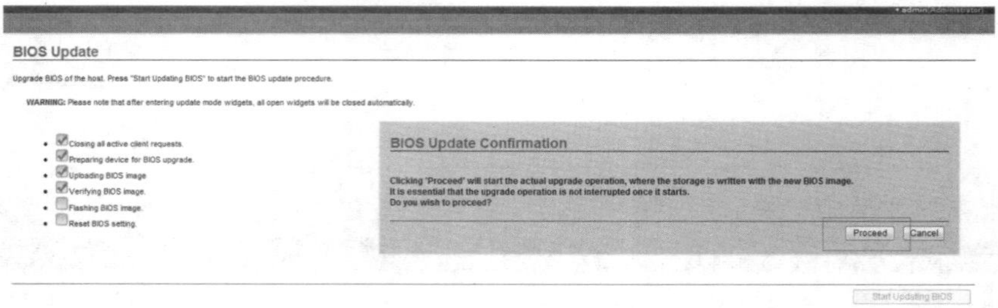

图 3-46

（5）刷新进行中，如图 3-47 所示。

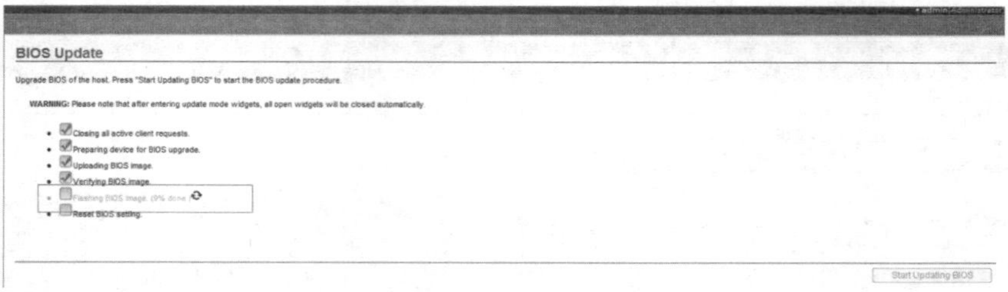

图 3-47

（6）刷新完成，如图 3-48 所示。

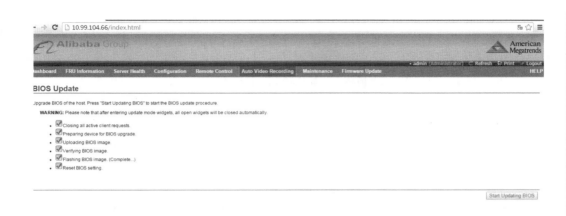

图 3-48

8. 用脚本刷新 BIOS 固件

为了方便刷新,官方提供的 FW 包里带着相应的刷新脚本,我们可以直接执行脚本来进行 BIOS 固件的刷新。具体刷新方法:进入相应的系统环境后,在脚本文件所在的文件夹中执行相应命令(命令后面的参数 2 必须要有):

```
FBIOS.BAT 2              # DOS 环境下
fbiosefi.nsh 2          # UEFI 环境下
fbioslnx.sh 2           # Linux 环境下
```

9. 总结

上述几种刷新 BIOS 固件的方法,可以根据自己的喜好和习惯进行选择操作,不过,强烈推荐在 DOS 系统和无盘系统(含 U 盘 Linux 系统)下操作。

3.2 FRU

3.2.1 认识 FRU

FRU(field replaceable unit)即 FRU data,其信息存储在 server 主板上一块可擦除、可编程的只读存储器 EEPROM 里,包括制造商、产品型号、产品序列号、资产序列号等,为厂商和客户提供资产管理信息,所以正确的 FRU 格式以及字段定义对客户进行资产管理和后端运维显得尤为重要。

 注意:

更换完主板后必须更新 FRU(除了 Board Serial Number 信息需要更新为新主板的信息外,其他信息和原主板信息一致),在后续的实施中,须严格按照标准的 ALI FRU 格式,每个字段都要按照这个格式去更新。

3.2.2 FRU 中关键字段的定义

(1) Chassis Part Number:机型编号。

（2）Chassis Serial：机箱序列号（厂商内部管控序列号），如 CWVVV343J079。

（3）Board Mfg：主板制造商（Inventec）。

（4）Board Serial（Number）：主板序列号，如 6743NP0270。

（5）Board Part Number：主板料号，如 1395T2618102。

（6）Product Manufacturer：产品制造商（Inventec）。

（7）Product Name：产品名称。

机型主板型号 ＋ 中划线"-" ＋ 主板网卡类型

K600-1G/K802-1G/K900-1G：K 代表 2U 机型。

A900-1G/A900-10G：A 代表某用户 RACK 机型。

（8）Product Part Number：产品料号（制造商内部产品管控料号），如 WC0922045001。

（9）Product Serial：产品序列号（制造商自定义，每个节点唯一）。

标准机型：如 CWPF331E01S。

RACK 机型：RMC SN ＋ 中划线"-"＋节点号。

（10）Product Asset Tag：产品资产标签（某用户 ID 由客户提供，每个节点唯一），如 TD070100174211。

3.2.3　FRU 的查看方法

1. 在无盘系统(Linux)下查看

命令：ipmitool fru list。

分为三个区域（图 3-49 方框内）：Chassis 信息区域、Board 信息区域、Product 信息区域。

```
[root@localhost ~]# ipmitool fru list
FRU Device Description : Builtin FRU Device (ID 0)
 Chassis Type          : Rack Mount Chassis
 Chassis Part Number   : F52.32
 Chassis Serial        : CK5238860LP
 Board Mfg Date        : Mon Jan  1 08:00:00 1996
 Board Mfg             : Wed Sep 19 11
 Board Product         : TB800G4-G1
 Board Serial          : BJ79NPS445
 Board Part Number     : 1395T2873801
 Product Manufacturer  : Inventec
 Product Name          : A1 Server Thor01 2U
 Product Part Number   : WG1990000005
 Product Version       : A15
 Product Serial        : CK5238860LP
 Product Asset Tag     : TD11101000351144
```

图 3-49

2. 在 BIOS 下查看

在 BIOS 下 Server Mgmt 菜单的 FRU Information 子菜单中查看 FRU 信息，如图 3-50 所示。

3. 查看二维码旁的 FRU 信息

在二维码旁查看 FRU 信息，如图 3-51 所示。

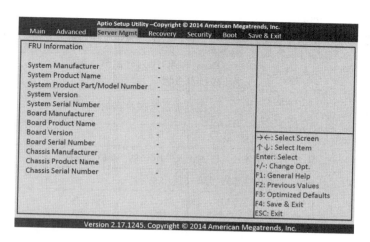

图 3-50

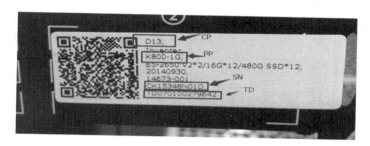

图 3-51

图 3-51 中,方框内的标记为 FRU 必需烧刻项,具体如下。

CP:机箱料号,如 A8、S9 、S9-13H 等。

PP:型号、产品名,如 A900-1G、K800-1G。

SN:产品序列号。

TD:客户资产号。

4.FRU 的设置规范

FRU 的设置规范如表 3-11 所示。

表 3-11

项 目	FRU 字段	值
服务器类型	Chassis Type	Multi-system chassis(对应 alirack)0x17 Blade(对应 blade server) Other(对应高密度服务器,如 2U 点)0x01 Rack Mount Chassis(对应标准机架式服务器)0x17
客户机型代码	Chassis Part Number	用户机型代码
服务器位置	Chassis Extra	用户 Rack:RMC location 字段内容加上槽位号 传统服务器:预留 32 个字节,字段内容为空
生产厂商 (vendor)	Product Manufacturer	Inventec
服务器型号(model)	Product Name	K800G3-10G/K900G3-10G/A900G3-10G

续表

项　　目	FRU 字段	值
序列号(serial Number, service tag)	Product Serial	Rack:RMC 序列号加节点编号 传统服务器:厂商自己定义
客户资产标签(aliid)	Product Asset Tag	由用户资产管理员提供
FRU Device Description	固定,不能更改	
Chassis Type	Rack Mount Chassis/Other/Multi-system chassis	
Chassis Part Number	F43.22(见二维码旁第一行信息)	
Chassis Serial	CV39356F002(2U1＝节点 SN,2U4＝Chassis SN)	
Chassis Extra	标准机留空,Rack 写节点位置、RMC 会自动同步位置信息	
Board Mfg Date	主板生产日期	
Board Mfg	主板厂商 如 Inventec	
Board Product	主板型号(如果 PCI 插槽上装有 PCIe SSD,则设置为 B800G3-Y/B900G3-N)	
Board Serial	主板 SN(见主板标签)	
Board Part Number	主板 PN(见主板标签)	
Product Manufacturer	服务器生产厂商(见二维码旁第二行信息)	
Product Name	服务器厂商机型(见二维码旁第三行信息),如 K800G3-10G、K900G3-10G	
Product Part Number	服务器 PN	
Product Version	服务器硬件版本(见主板 PN 标签),如 A05	
Product Serial	服务器 SN(见二维码旁第五行信息)	
Product Asset Tag	服务器的资产编号(见二维码旁最后一行信息)	

3.2.4　FRU 设置(以某厂商机型为例)

> **注意:**
> 设置完 FRU 后需要重启或断电,使 FRU 和 SMBIOS 同步。

3.2.4.1　DOS 下设置 FRU

(1)环境准备:准备一个 DOS 启动盘(具体制作方法见"制作 DOS 启动盘"文件夹中的说明)。

(2)工具准备:将 FRU 工具 frubmc.exe 复制到 DOS 启动盘中。

(3)将 U 盘插在目标机器上,开机时选择从 U 盘启动。

(4)设置 FRU 命令:

frubmc.exe /size 512 /fw＊＊value

(5)查看 FRU 命令:

frubmc.exe /size 512 /fr

(6)备份 FRU(导出故障主板的 FRU,如果故障主板的 FRU 导不出来,请向服务器生产厂商索要):

frubmc. exe /size 512 /fst old. fru

（7）恢复 FRU：

frubmc. exe /size 512 /fwold. fru

具体设置方法示范如表 3-12 所示。

表 3-12

FRU	示 范 值	CMD下详细命令
Chassis Type	Rack Mount Chassis	
Chassis Part Number	S10-3S. 22	frubmc. exe /size 512 /fwcp S10-3S. 22
Chassis Serial	CV28353T003	frubmc. exe /size 512 /fwcs CV28353T003
Chassis Extra		此项会自动更新,将节点装到机柜中, 隔一段时间去检查是否更新成功
Board Mfg Date	Sat Apr 4 09:36:00 2015	
Board Mfg	Inventec	frubmc. exe /size 512 /fwbm Inventec
Board Product	B802G2-10G	frubmc. exe /size 512 /fwbp B802G2-10G
Board Serial	5W53NP0046	frubmc. exe /size 512 /fwbs 5W53NP0046
Board Part Number	1395T268101	frubmc. exe /size 512 /fwba 1395T268101
Product Manufacturer	Inventec	frubmc. exe /size 512 /fwpm Inventec
Product Name	K802-10G	frubmc. exe /size 512 /fwpp K802-10G
Product Part Number	WC092104001	frubmc. exe /size 512 /fwpa WC092104001
Product Version	X04	frubmc. exe /size 512 /fwpv X04
Product Serial	WC0922104001	frubmc. exe /size 512 /fwps WC0922104001
Product Asset Tag	TDXXXXXXX	frubmc. exe /size 512 /fwpt

 注意:

在 DOS 模式下,命令格式不分大小写,但 FRU 信息值(Value)是要区分大小写的。

3.2.4.2 Linux 下设置 FRU

在 Linux 下设置 FRU 需要保证 ipmitool 工具的版本至少为 1.8.11,可以用命令 ipmitool-V 来查看版本。

详细命令(信息值为需要更改的具体内容)如表 3-13 所示。

表 3-13

Section	Index	Option	Length	Command
		FRU Device Description		
		Chassis Type		不用手动刷新
c	0	Chassis Part Number	12	ipmitool fru edit 0 field c 0 "value"
c	1	Chassis Serial	11	ipmitool fru edit 0 field c 1 "value"
c	2	Chassis Extra	32	ipmitool fru edit 0 field c 2 "value"
		Board Mfg Date		不用手动刷新

续表

Section	Index	Option	Length	Command
b	0	Board Mfg	12	ipmitool fru edit 0 field b 0 "value"
b	1	Board Product	16	ipmitool fru edit 0 field b 1 "value"
b	2	Board Serial	10	ipmitool fru edit 0 field b 2 "value"
b	3	Board Part Number	12	ipmitool fru edit 0 field b 3 "value"
p	0	Product Manufacturer	12	ipmitool fru edit 0 field p 0 "value"
p	1	Product Name	32	ipmitool fru edit 0 field p 1 "value"
p	2	Product Part Number	24	ipmitool fru edit 0 field p 2 "value"
p	3	Product Version	6	ipmitool fru edit 0 field p 3 "value"
p	4	Product Serial	24	ipmitool fru edit 0 field p 4 "value"
p	5	Product Asset Tag	32	ipmitool fru edit 0 field p 5 "value"

3.2.4.3　利用 FRU Edit 工具设置 FRU(适用于 Purley 平台的某机型)

利用 FRU Edit 工具设置 FRU 是一种比较便利的 FRU 设置方法,其过程是用笔记本连接服务器的 BMC 管理端口,然后利用 FRU Edit 工具进行批量更新设置。

1. 安装依赖软件

FRU Edit 工具需要 Python 2.7 的支持。在工具包中找到 python-2.7.msi 并双击"安装",一直单击"下一步",直至安装成功(此软件只需要在计算机上安装一次)。

2. 使用 FRU Edit 设置

1) 运行工具

在工具包中找到 Fruedit.py 这个文件,双击"运行",出现如图 3-52 所示的界面。

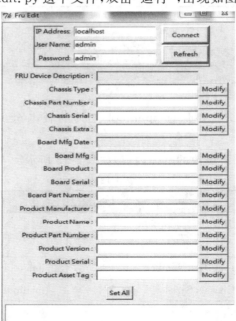

图 3-52

2）获取当前 BMC 的 FRU 信息

在对应的文本框中输入当前所连接 BMC 的 IP、用户名、密码，然后单击"Connect"按钮；稍等几秒钟，工具会读出当前 BMC/RMC 的 FRU 信息，并自动将之填入相应文本框中，弹出窗口提示更新完成，然后单击"确定"，如图 3-53 所示。

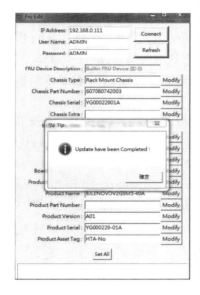

图 3-53

3）修改当前 BMC 的 FRU 信息

在工具界面中找到需要修改的项，填入目标值，然后单击该项后面的"Modify"按钮，下方文本框中会显示修改的过程，如图 3-54 所示。

如果需要修改所有的项，则可以单击"Set All"按钮，如图 3-55 所示。

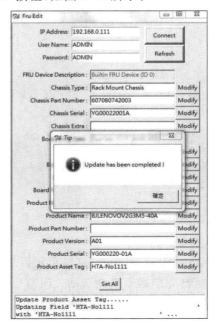

图 3-54   图 3-55

注意：单击"Set All"按钮不能修改"Chassis Type"这一项，如有需要，请单独修改。

3.2.4.4 利用脚本（Windows 环境）设置 FRU

在 Windows 环境下，用批处理文件通过 BMC 带外管理口刷新 FRU，具体步骤如下。

步骤 1：给服务器的 BMC 带外管理口分配 IP 地址。

步骤 2：更改配置文件。

打开"FRU Flash tool"文件夹，再进入"windows"文件夹，找到"flash_all. bat"文件，单击鼠标右键，单击"编辑"，如图 3-56 所示。首先把这里的 IP 地址"192.168.2.200"改为刚刚分配给服务器 BMC 带外管理口的 IP 地址，接下来根据原始 FRU 信息或新换主板的序列号更改后面的值（只修改双引号内的内容）：

-asset_tag "TD11101000124613"-board_manufacturer "Inventec"-board_part_number "1395T2689302"-board_product_name "B800G3-Y"-board_serial_number "BJ79NP5445"-chassis_part_number "V42S1.2B"-chassis_serial_number "CVZKB816006"-custom_chassis _info1 ""-mfg_date_time ""-product_manufacturer "Inventec"-product_name "K800G3-10G"-product_part_number "WC1510AGB001"-product_serial_number "CVZKB816006"-product_version "A16"

图 3-56

> **注意：**
> 除此之外不能更改任何地方，不能增减空格，也不能按回车键。

改完以后，直接保存即可。

步骤 3：运行脚本。

直接双击"flash_all. bat"文件就可以运行脚本，如图 3-57 所示。

脚本运行完毕后系统会自动关闭窗口。

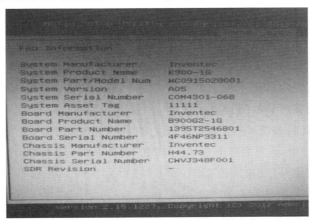

图 3-57

3.2.4.5　FRU 信息检查

修改完成后，重启机器，按【F2】或【Del】键进入 BIOS Setup 界面，然后进入"Server Mgmt"下"View FRU Information"子菜单查看其中的 FRU 信息和需要刷的 FRU 信息是否一致，如果不一致则重启机器或重新设置 FRU 信息。如图 3-58 所示。

图 3-58

3.2.4.6　FRU 与 SMBIOS 的对应关系

FRU 与 SMBIOS 的对应关系如表 3-14 所示。

表 3-14

Option	SMBIOS Command
FRU Device Description	
Chassis Type	dmidecode-s chassis-type
Chassis Part Number	dmidecode-s chassis-version
Chassis Serial	dmidecode-s chassis-serial-number

续表

Option	SMBIOS Command
Chassis Extra	ipmitool fru list | grep "Chassis Extra"
Board Mfg Date	
Board Mfg	dmidecode-s baseboard-manufacturer
Board Product	dmidecode-s baseboard-product-name
Board Serial	dmidecode-s baseboard-serial-number
Board Part Number	dmidecode-s baseboard-version
Product Manufacturer	dmidecode-s system-manufacturer
Product Name	dmidecode-s system-product-name
Product Part Number	dmidecode-s system-version
Product Version	ipmitool fru list| grep "Product Version"
Product Serial	dmidecode-s system-serial-number
Product Asset Tag	dmidecode-s chassis-asset-tag

3.3　BMC 系统

3.3.1　认识 BMC

BMC(baseboard management controller,基板管理控制器)支持行业标准的 IPMI 规范。该规范描述了已经内置到主板上的管理功能。这些功能包括本地和远程诊断、控制台支持、配置管理、硬件管理和故障排除。

BMC 是一个独立的系统,它不依赖系统上的其他硬件(比如 CPU、内存等),也不依赖BIOS、OS 等。图 3-59 所示为主板上集成的 BMC 硬件系统(BMC 芯片及内存,此芯片的型号因主板型号不同而异)以及系统框架图(BMC 芯片为 AST2400)。

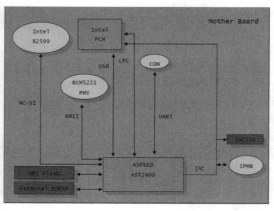

图 3-59

3.3.2 BMC 系统的功能

BMC 系统的功能比较丰富,这里只介绍工作中使用较多的功能(因版本不同,功能会有所差异)。

3.3.2.1 登录准备

1) 查看 BMC 的管理 IP 地址

- 在 BIOS 系统查看 BMC 的管理 IP 地址,如图 3-60 和图 3-61 所示。

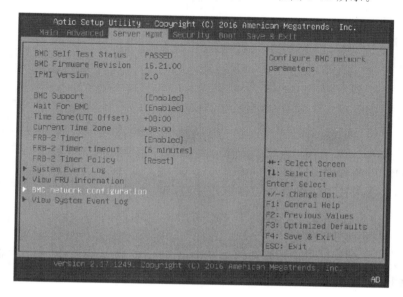

图 3-60

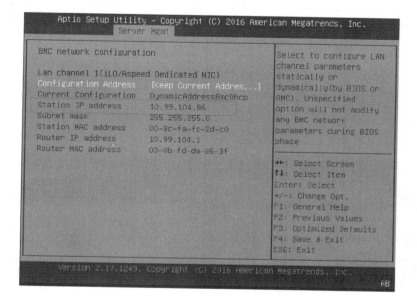

图 3-61

- 在无盘系统(或 U 盘的 Linux 系统)下查看 BMC 的管理 IP 地址,如图 3-62 所示。

ipmitool lan print 1

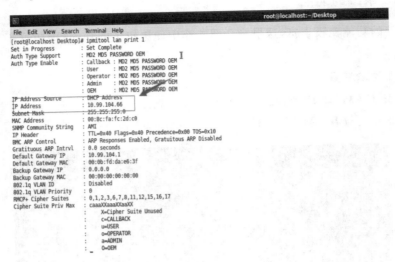

图 3-62

2) 设置 BMC 的管理 IP 地址

如果利用上述两种方法无法查看或获取 BMC 的管理 IP 地址的话,需要手动设置 IP 地址。

3.3.2.2 登录 BMC 系统

在连接有服务器 BMC 带外管理口的笔记本的浏览器中输入 BMC IP 地址,出现如图 3-63所示的登录界面。

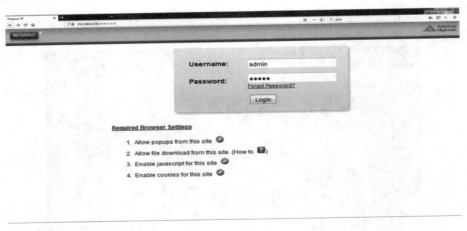

图 3-63

输入用户名及密码进入 BMC 的 Web 界面。

3.3.2.3 功能介绍

1) 仪表板(Dashboard)

登录进去 BMC 系统后,界面会显示系统各部件的实时信息,显示信息为"Not Available"的部件不存在或者坏掉了。图 3-64 中,由于系统没有安装 CPU1,所以它的所有信息都显示为"Not Available"。

图 3-64

图 3-65(a)与图 3-65(b)所示分别是 PSU2 断电和卸下时的显示状态。

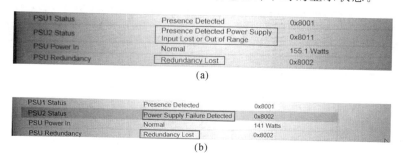

图 3-65

2）FRU 信息（FRU Information）

图 3-66 和图 3-67 所示界面显示的是当前服务器的 FRU 信息。

图 3-66

图 3-67

3）服务器健康状况（Server Health）

Server Health 菜单下面有三个选项，如图 3-68 所示。其中，图 3-69 所示界面（Sensor Reading）显示的是服务器各部件传感器监测出来的数据。

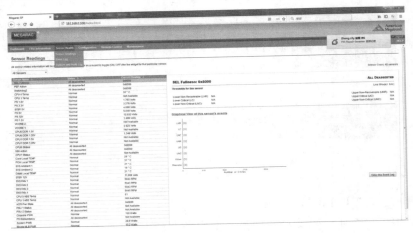

图 3-68

图 3-69

图 3-70 所示的界面（Event Log）显示的是服务器的事件日志，可以根据需要来筛选（信息类型和监控项）自己需要的信息。

图 3-70

图 3-71 至图 3-75 所示界面（System & Audit Logs）显示的是系统日志和审计日志，我们在查看这两类日志时可以进行错误类型的筛选，在工作中我们一般用到的是系统日志。

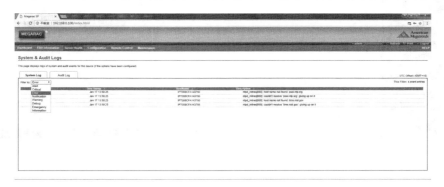

图 3-71

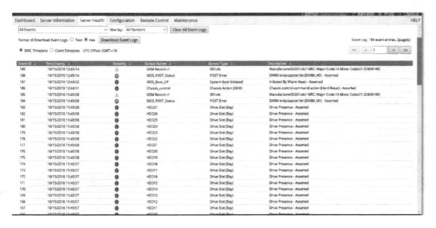

图 3-72

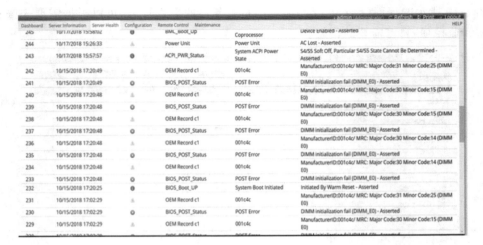

图 3-73

图 3-74

图 3-75

4）配置（Configuration）

Configuration 项在整个 BMC 系统中是很重要的一部分，如图 3-76 和图 3-77 所示。Configuration 菜单下有很多个选项，但是在我们目前业务的日常售后工作中基本用不到这些内容，故只需要简单了解一下即可。

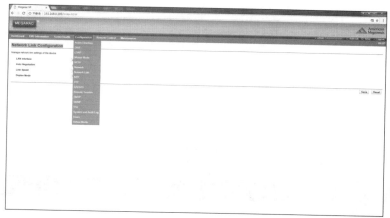

图 3-76

图 3-77

5）远程控制（Remote Control）

远程控制单元有两个功能：Console Redirection（控制台重新定向）和 Server Power Control（服务器电源控制），如图 3-78 至图 3-85 所示。这两个功能我们一般也不需要介入。

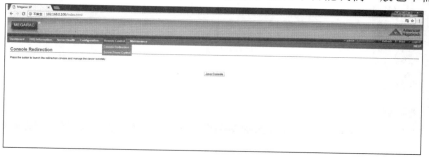

图 3-78

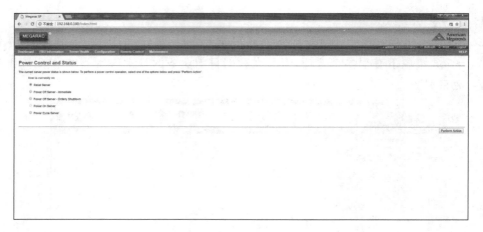

图 3-79

图 3-80

图 3-81

图 3-82

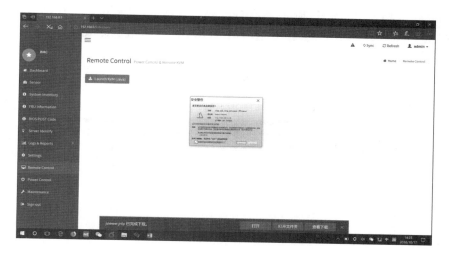

图 3-83

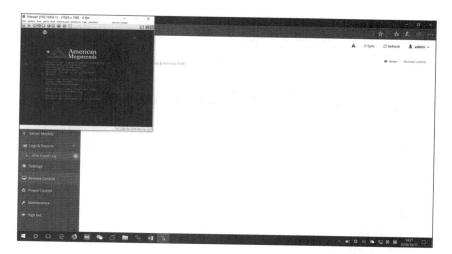

图 3-84

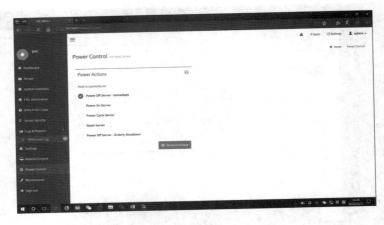

图 3-85

6) 维护(Maintenance)

Maintenance 项不但是整个 BMC 系统的重要组成部分,也是售后工程师运用比较多的部分。Maintenance 菜单下有三个功能项:Firmware Update、Restore Factory Defaults、System Administrator。

Firmware Update(固件升级)是我们用得最多的功能项,如图 3-86 和图 3-87 所示。服务器的 BIOS 升级和 BMC 升级都会用到这个功能项。

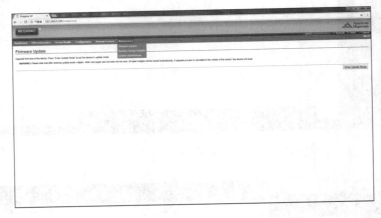

图 3-86

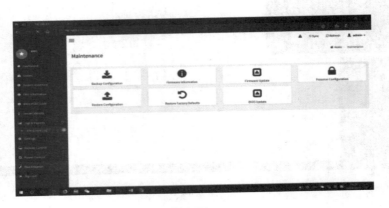

图 3-87

Restore Factory Defaults(恢复厂商默认设置)功能项一般在 BMC 刷新后或者更改 BMC 设置后造成系统不稳定的情况下使用,这里的操作非常简单,只要单击"Restore Factory"按钮就可以完成 BMC 的恢复出厂默认设置,如图 3-88 所示。

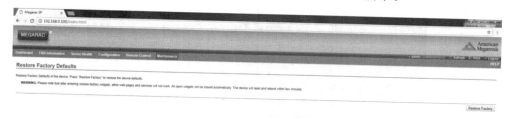

图 3-88

System Administrator(系统管理员)功能项(见图 3-89)是用来设置管理员的用户名和密码的,目前这个用户名和密码是由用户来管理的。客户的服务器一般都设置用户名和密码为 admin。

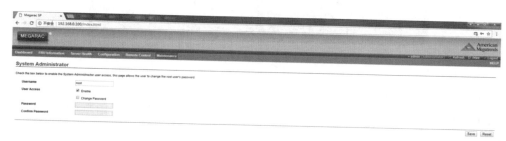

图 3-89

3.3.3 BMC 固件的升级

通常在 BMC 遭到破坏、厂家要改善性能或兼容性、新升级硬件等情况下需要对 BMC 固件进行升级。

3.3.3.1 查看 BMC 版本

查看 BMC 版本有以下三种方式。

1)在服务器启动界面查看

在系统启动过程中就可以看到系统的一些关键信息(图 3-90 中方框部分就是 BMC 版本号)。

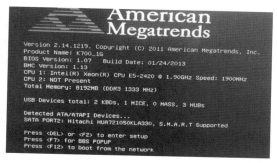

图 3-90

2）在 BIOS 界面查看

开机，按【F2】或者【Del】键进入 BIOS 系统，在"Server Mgmt"选项页面中可以看到 BMC 版本信息，如图 3-91 所示。

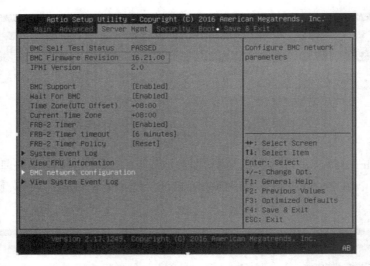

图 3-91

3）在 BMC 系统查看

登录到 BMC 系统后，在系统的默认首页上就可以看到 BMC 版本信息（图 3-92 中方框部分）。

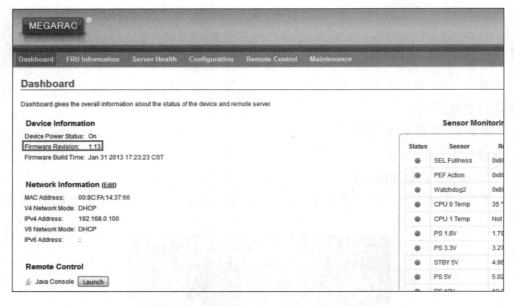

图 3-92

4）在无盘系统（Linux）下查看

ipmitool bmc info

查看结果如图 3-93 所示。

```
[root@liveca media]# ipmitool bmc info
Device ID                   : 36
Device Revision             : 1
Firmware Revision           : 5.3
IPMI Version                : 2.0
Manufacturer ID             : 6569
Manufacturer Name           : Unknown (0x19A9)
Product ID                  : 54 (0x0036)
Product Name                : Unknown (0x36)
Device Available            : yes
Provides Device SDRs        : no
```

图 3-93

3.3.3.2　BMC 固件升级（Firmware Update）

刷新 BMC 固件的工具为 socflash，但厂家为了简化操作过程，在实际操作中都以执行脚本刷新为主，可以在四种环境下操作：DOS、Linux、BMC 的 Web 界面和 Windows。

需要特别注意的是，对于厂家给出的固件文件，我们不要做任何更改。

1．DOS 环境下刷新 BMC 固件（BMC Firmware）

步骤 1：将要刷新的 BMC Firmware 相关文件复制到制作好的 DOS 启动盘上。

步骤 2：将 DOS 启动盘插在服务器任一 USB 口上，开机，按【F7】键进入系统启动项选择界面，选择从 U 盘启动，如图 3-94 所示。

步骤 3：先进入 DOS 环境，再进入 BMC 固件所在的目录，如图 3-95 至图 3-97 所示。

```
Please select boot device:

#0400 IDOA LUNO ATA        SAMSUNG MZ7KM4
IBA GE Slot 0300 v1553
IBA GE Slot 0301 v1553
UEFI: Built-in EFI Shell
Toshiba Usb Disk 1100
UEFI: Toshiba Usb Disk 1100, Partition 1
Enter Setup

  ↑ and ↓ to move selection
  ENTER to select boot device
  ESC to boot using defaults
```

图 3-94

```
Start booting from USB device...
DOSED v5.2 -- (C) 7/9/94 - Sverre H. Huseby, Norway.    DOSED -? for help.

    Beep when filename completion is incomplete is Off
    Appending of '\' to directorynames is On
    Use Emacs-like control keys instead of WordStar-like is Off
    Use 'Insert on' as default is Off
    Convert characters in completed filenames to lowercase is Off
    Minimum number of characters in stored lines are 3
    Remove trailing backslashes is On
    Skip .BAK-files when completing is On

    The program is now installed.

MS-DOS 7.1 [Version 7.10.1999]

C:\>
```

图 3-95

```
C:\BMC>cd V162100\

C:\BMC\V162100>dir

 Volume in drive C is MSDOS71
 Volume Serial Number is B4FE-5315
 Directory of C:\BMC\V162100

.                <DIR>        08-23-16   15:10
..               <DIR>        08-23-16   15:10
1HOW_T~1 TXT         1,061    03-17-16   16:12
2BMC_R~1 TXT         2,432    03-17-16   16:12
BOOT     BIN         9,650    08-01-12   15:11
FBMC_DOS BAT            19    07-07-15   14:55
FBMC_LNX SH            572    07-07-15   16:11
FBMC_WIN BAT            46    07-07-15   15:30
LXFLAS~1 <DIR>               03-17-16   15:53
ROM      IMA    33,554,432    03-17-16   16:08
SOCFLASH EXE      302,284    11-10-14   16:07
SOCFLA~1 <DIR>               03-17-16   15:53
WINFLA~1 <DIR>               03-17-16   15:53
        8 file(s)    33,870,496 bytes
        5 dir(s)  3,657,240,576 bytes free

C:\BMC\V162100>_
```

图 3-96

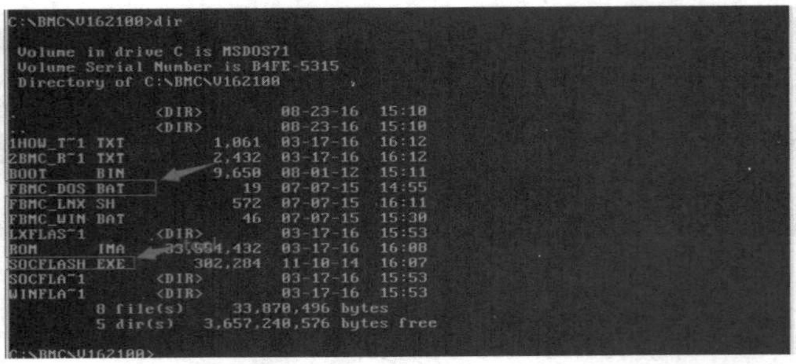

图 3-97

步骤 4:开始刷新。

输入 FBMC_DOS. BAT 或者 socflash if=rom. ima,按回车键,如图 3-98 所示。

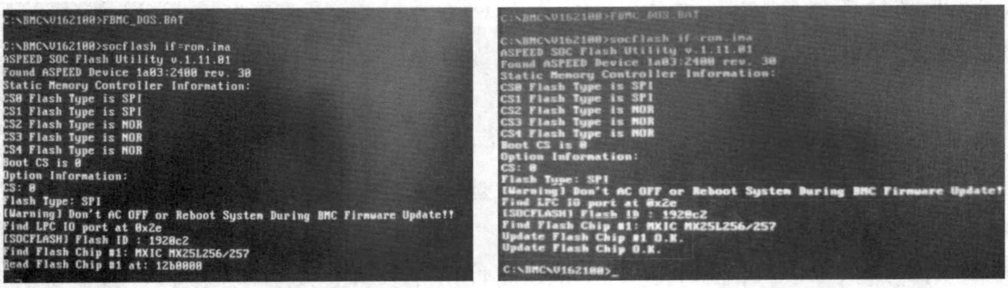

图 3-98

刷新完成后关机、断电(拔掉电源线),再重新加电、开机,使新版本的 BMC 生效。再查看一下 BMC 版本信息,看看是否刷新成功。

2. Linux 环境下刷新 BMC 固件(BMC Firmware)

将保存有 BMC Firmware 相关文件的 U 盘插入服务器的任一 USB 口,开机,进入服务器的无盘系统(开机时按【F12】键)或者自己另做的 U 盘 Linux 系统(按【F7】键进入系统启动项选择界面,选择从 U 盘启动)。

(1) 挂载 U 盘。

输入命令 fdisk-l,在输出结果中根据设备容量和文件系统类型来判断哪个是 U 盘,这里 U 盘是/dev/sdb,该 U 盘的分区为/dev/sdb4,如图 3-99 所示。

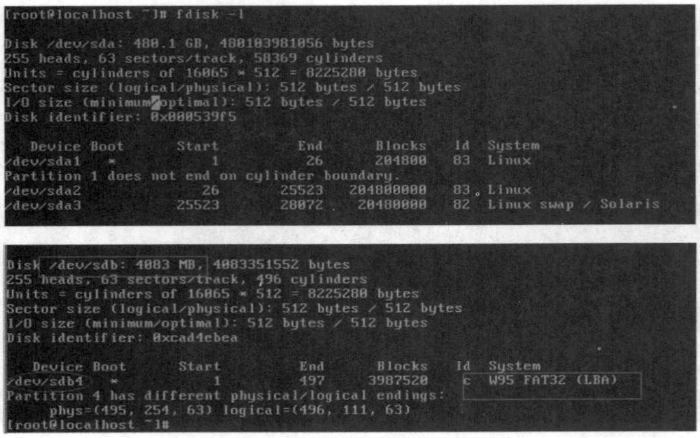

图 3-99

输入 mount /dev/sdb4 /media/，把 U 盘挂载到/media 目录下，如图 3-100 所示。

```
  Device Boot      Start         End      Blocks   Id  System
/dev/sdb4   *           1         497     3987520    c  W95 FAT32 (LBA)
Partition 4 has different physical/logical endings:
     phys=(495, 254, 63) logical=(496, 111, 63)
[root@localhost ~]# mount /dev/sdb4 /media/
[root@localhost ~]# _
```

图 3-100

（2）进入 BMC 固件所在的目录，如图 3-101 所示。

```
[root@localhost ~]# cd /media/MSDOS71/
[root@localhost MSDOS71]# ls
AUTOEXEC.BAT  BOOTLOG.TXT   DOSED.COM
              COMMAND.COM   IO.SYS        USBASPI.SYS
              CONFIG.SY_    MSDOS.SYS
BOOTLOG.PRV   DI1000DD.SYS  Shellx64.efi
[root@localhost MSDOS71]# cd BMC/
[root@localhost BMC]# ls

[root@localhost BMC]# cd v061900/
[root@localhost v061900]# ls
1.How_To_Update.txt        fbmc_dos.bat
2.BMC_Release_Note.txt     fbmc_lnx.sh     rom.ima
boot.bin                   fbmc_win.bat    socflash.EXE
[root@localhost v061900]#
```

图 3-101

（3）开始刷新。

输入 ls 命令后可以看到文件夹 v061900 下的所有文件，然后再输入./ fbmc_lnx. sh 开始刷新，如图 3-102 所示。

```
[root@localhost v162100]# ./fbmc_lnx.sh
ASPEED SOC Flash Utility v.1.11.01
Find ASPEED Device 1a03:2000 on 9:0.0
Relacate IO Base: 4000
MMIO Virtual Address: d963c000
Found ASPEED Device 1a03:2400 rev. 30
Static Memory Controller Information:
CS0 Flash Type is SPI
CS1 Flash Type is SPI
CS2 Flash Type is NOR
CS3 Flash Type is NOR
CS4 Flash Type is NOR
Boot CS is 0
Option Information:
CS: 0
Flash Type: SPI
[Warning] Don't AC OFF or Reboot System During BMC Firmware Updat
Find LPC IO port at 0x2e
[SOCFLASH] Flash ID : 1920c2
Find Flash Chip #1: MXIC MX25L256/257
```

```
MMIO Virtual Address: d963c000
Found ASPEED Device 1a03:2400 rev. 30
Static Memory Controller Information:
CS0 Flash Type is SPI
CS1 Flash Type is SPI
CS2 Flash Type is NOR
CS3 Flash Type is NOR
CS4 Flash Type is NOR
Boot CS is 0
Option Information:
CS: 0
Flash Type: SPI
[Warning] Don't AC OFF or Reboot System During BMC
Find LPC IO port at 0x2e
[SOCFLASH] Flash ID : 1920c2
Find Flash Chip #1: MXIC MX25L256/257
Update Flash Chip #1 O.K.
Update Flash Chip O.K.
```

图 3-102

刷新完成后关机、断电(拔掉电源线),再重新加电、开机,使新版本的 BMC 生效。再查看一下 BMC 版本信息,看看是否刷新成功。

3. BMC Web 页面环境下刷新 BMC 固件(BMC Firmware)

1) 查看 BMC 的管理 IP 地址

(1) 在 BIOS 系统查看,如图 3-103 所示。

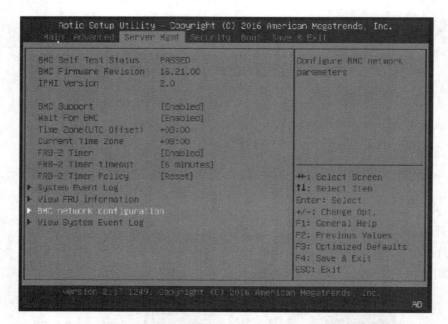

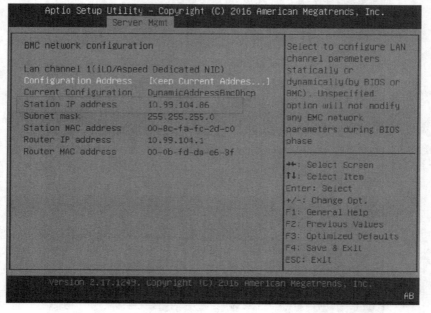

图 3-103

(2) 在无盘系统(或 U 盘的 Linux 系统)下查看 BMC 的管理 IP 地址,如图 3-104 所示。
ipmitool lan print 1

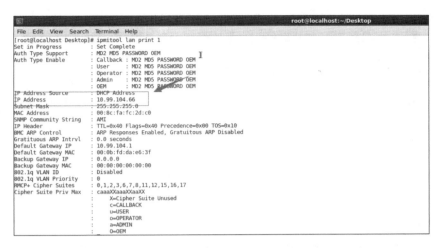

图 3-104

2)设置 BMC 的管理 IP 地址

如果用上述两种方法无法查看或获取 BMC 的管理 IP 地址的话,需要我们手动设置 IP 地址。

(1)在 BIOS 界面,进入 Server Mgmt 菜单,在 BMC Network Configuration 子菜单下把 Configuration Address(source)设置为 Static,然后在下面的 Station IP address 和 Subnet mask 选项里设置 IP 地址和子网掩码,如 192.168.0.112、255.255.255.0。

(2)也可以用 Tftpd32 软件给服务器自动分配一个 IP 地址(这个方法也适用于在不影响服务器运行业务的情况下进行 BMC 系统操作)。

(3)在连接服务器 BMC 带外管理口的笔记本的浏览器中输入 BMC IP 地址,出现如图 3-105所示登录界面。

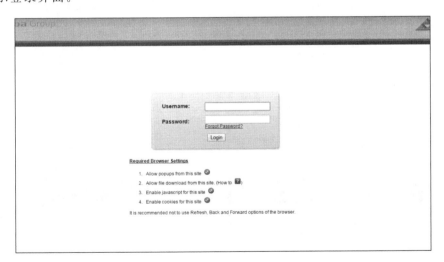

图 3-105

输入用户名及密码,如客户机的用户名和密码均为 admin。

(4)登录 BMC 系统后单击 Firmware Update,出现如图 3-106 所示界面,选择 Firmware Update。

图 3-106

（5）进入刷新界面，依次单击相关按钮，如图 3-107 所示。

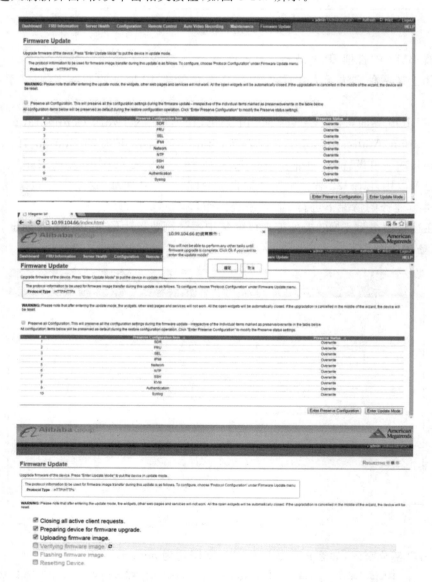

图 3-107

（6）选择 ima 文档，单击 upload，如图 3-108 所示。

图 3-108

（7）固件开始刷新，如图 3-109 所示。

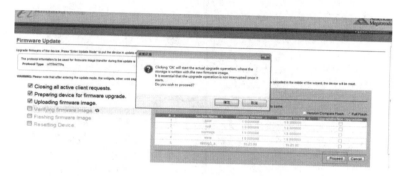

图 3-109

（8）刷新完成后会有提示，如图 3-110 所示。

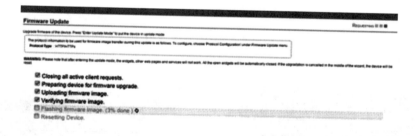

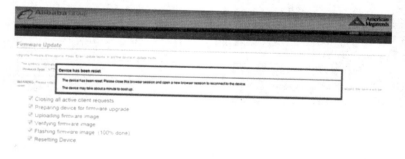

图 3-110

刷新完成后关机、断电(拔掉电源线),再重新加电、开机,使新版本的 BMC 生效。再查看一下 BMC 版本信息,看看是否刷新成功。

4. Windows 环境下刷新 BMC 固件(BMC Firmware)

步骤 1:将要刷新的 BMC Firmware 相关文件复制到 U 盘上。

步骤 2:进入 Windows 系统,将此 U 盘插在服务器任一 USB 口上。

步骤 3:打开 Windows 的命令提示符,进入 BMC 固件所在的目录,如图 3-111 所示。

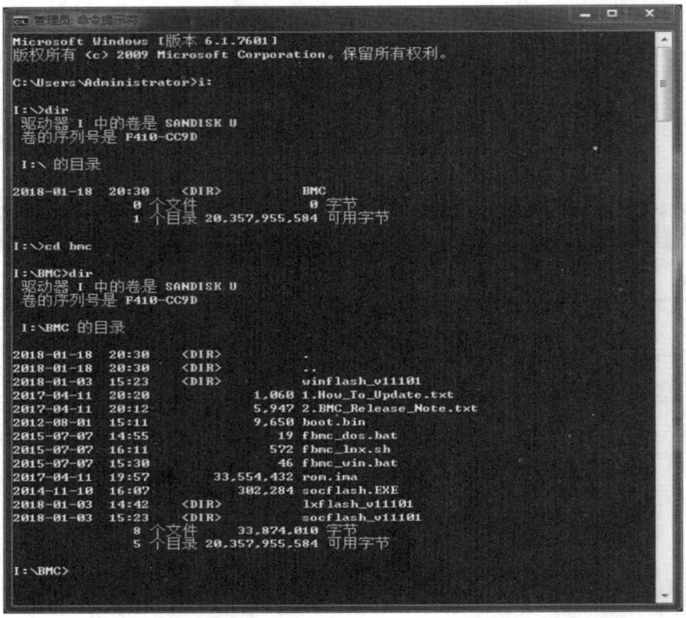

图 3-111

步骤 4:输入 FBMC_DOS.BAT 或者 socflash.exe if＝rom.ima,按回车键,固件开始刷新,如图 3-112 所示。

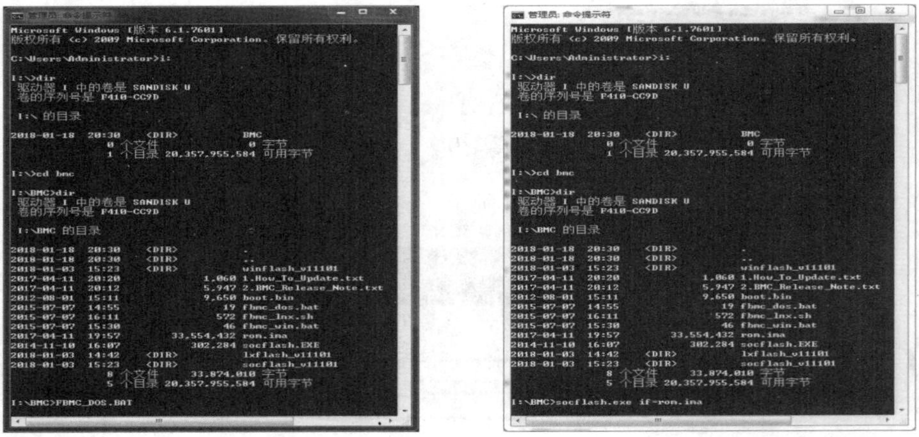

图 3-112

刷新完成后,将服务器关机、断电(拔掉电源线),再重新加电、开机,使新版本的 BMC 生效。再查看一下 BMC 版本信息,看看是否刷新成功。

> **说明：**
>
> 在实际的售后工作中，售后工程师几乎没有可能进入用户的 Windows 系统，并且 U 盘 Windows 系统在制作和兼容性上都不理想，所以，此刷新固件的方式仅在极端情况下使用。

3.4　无盘系统

3.4.1　认识无盘系统

无盘系统，泛指由无盘工作站组成的局域网。我们这里讲的无盘系统特指某用户用于设备维护的 Linux 系统（redhat linux）。

3.4.1.1　启动原理

服务器（即无盘系统 Client）的网卡配有启动芯片（Boot ROM），当服务器以 LAN 方式启动时，它会向无盘系统 Server 发出启动请求。无盘系统 Server 收到请求后，根据不同的机制向服务器发送启动数据，服务器下载完启动数据后，系统控制权由 Boot ROM 转到内存中的某些特定区域，并引导操作系统。

根据不同的启动机制，比较常用的无盘工作站启动类型可分为 RPL、PXE 及虚拟硬盘等，目前国内外主流无盘系统均采用基于 PXE 的虚拟硬盘模式。

3.4.1.2　特点

（1）定制化系统，能满足客户所有的运维需求。

（2）直接在服务器的内存里运行，易用、方便、快捷、稳定。

（3）是独立于服务器的业务系统，系统本身的启动和运行不会改写服务器的硬盘或存储数据。

（4）普通模式下，在无盘系统上所进行的操作，在系统重新启动后均会还原到初始状态，这样可以防止病毒入侵与误操作。

（5）必须依赖网络环境，整个无盘系统工作组在下架后无法运行。

（6）无法永久保存文件、工具或使用过的命令。

3.4.2　无盘系统的功能

无盘系统可以是任意版本的 Windows，也可以是任意版本的 Linux，所以就无盘系统本身来说，其功能和别的操作系统无异，但作为服务器无盘系统，尤其是不同客户自己配置、定制的无盘系统，它又有其特殊性。

3.4.2.1　查看硬件信息

在无盘系统下，查看硬件信息的主要命令有以下几种。

（1）lscpu 命令能够用来查看 CPU 和处理单元的信息。该命令没有任何其他选项或者别的功能。

```
cat /proc/cpuinfo | grep-E "processor|^physical"   # 查询 CPU 虚拟核心 ID 和物理 CPU
                                                     对应关系（见图 3-113）
cat /proc/cpuinfo | grep processor | wc-l   # 查询系统 CPU 总共线程数
```

扫码观看本章 3.4 视频课程 ▶

dmidecode -t bios # 查看 BIOS 信息(如名称、版本、日期等),如图 3-114 所示

dmidecode -t memory # 查看内存的硬件信息(如容量、槽位等),如图 3-115 所示

dmidecode -t memory | grep -E "Size|Locator" | grep -v "Bank Locator" # 查看内存的详细位置信息

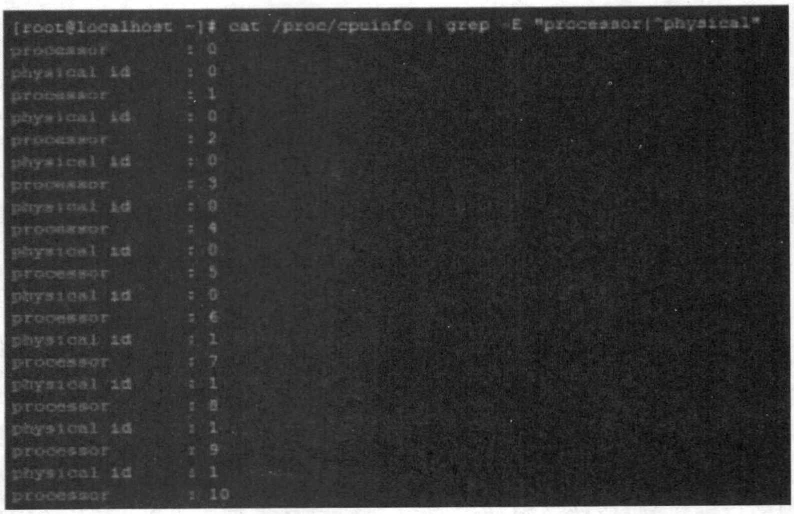

图 3-113

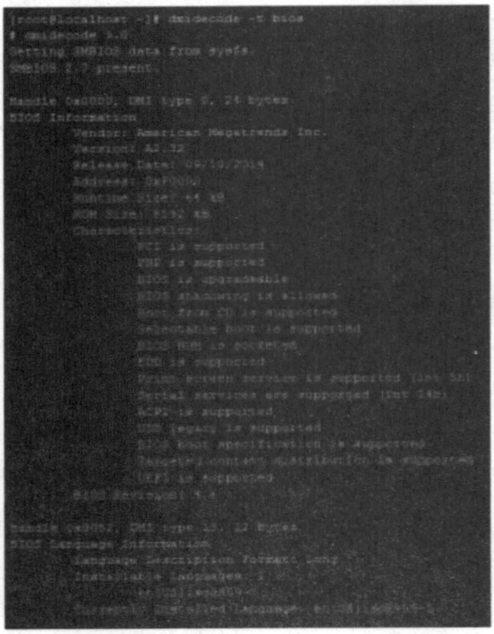

图 3-114

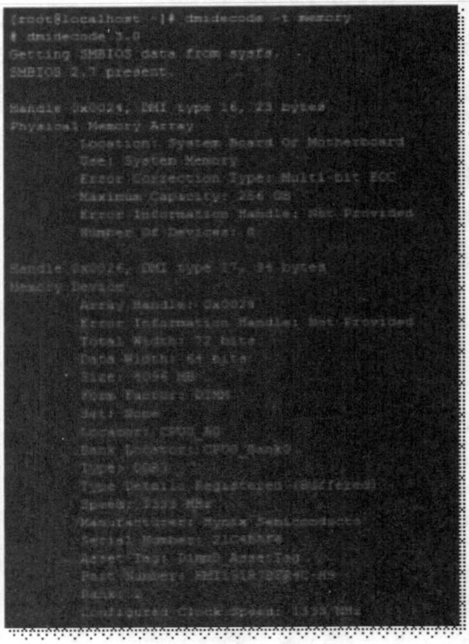

图 3-115

注:-t 后面也可以用 1～9,分别查询下列信息:bios、system、baseboard、chassis、processor、memory、cache、connector、slot。

lsscsi # 列出类似硬盘和光驱等 SCSI/SATA 设备的信息,如图 3-116 所示

```
[root@localhost ~]# lsscsi
[0:0:0:0]    disk    ATA      ST2000NM0011    PA03  /dev/sda
[0:0:1:0]    disk    ATA      GB0750C4414     HPG3  /dev/sdb
[0:0:2:0]    disk    ATA      GB0750C4414     HPG3  /dev/sdc
[0:0:3:0]    disk    ATA      GB0750C4414     HPG3  /dev/sdd
[0:0:4:0]    disk    ATA      GB0750C4414     HPG3  /dev/sde
[0:0:5:0]    disk    ATA      GB0750C4414     HPG3  /dev/sdf
[0:0:6:0]    enclosu LSI CORP Bobcat               0007  -
```

图 3-116

lsusb   # 列出 USB 控制器和与 USB 控制器相连的设备的信息(查看详细信息可以加-v)

lsblk   # 查看磁盘(含 U 盘、硬盘等存储设备)和分区分布,如图 3-117 所示

```
[root@localhost ~]# lsblk
NAME              MAJ:MIN RM    SIZE RO TYPE MOUNTPOINT
sda                   8:0    0   1.8T  0 disk
├─sda1                8:1    0   200M  0 part /boot
└─sda2                8:2    0   1.8T  0 part
  ├─centos-root     253:0    0 1014.8G 0 lvm  /
  ├─centos-swap     253:1    0    48G  0 lvm  [SWAP]
  └─centos-data     253:2    0   800G  0 lvm  /data
sdb                   8:16   0 698.7G  0 disk
└─sdb1                8:17   0 698.7G  0 part
sdc                   8:32   0 698.7G  0 disk
└─sdc1                8:33   0 698.7G  0 part
sdd                   8:48   0 698.7G  0 disk
└─sdd1                8:49   0 698.7G  0 part
sde                   8:64   0 698.7G  0 disk
└─sde1                8:65   0 698.7G  0 part
sdf                   8:80   0 698.7G  0 disk
└─sdf1                8:81   0 698.7G  0 part
```

图 3-117

fdisk -l   # 查看磁盘(含 U 盘、硬盘等存储设备)和分区的详细信息,如图 3-118 所示

```
[root@localhost ~]# fdisk -l
磁盘 /dev/sdc: 750.2 GB, 750156374016 字节, 1465149168 个扇区
Units = 扇区 of 1 * 512 = 512 bytes
扇区大小(逻辑/物理): 512 字节 / 512 字节
I/O 大小(最小/最佳): 512 字节 / 512 字节
磁盘标签类型: dos
磁盘标识符: 0x1b538805

   设备 Boot      Start         End      Blocks   Id  System
/dev/sdc1          2048  1465149167   732573560   83  Linux

磁盘 /dev/sdd: 750.2 GB, 750156374016 字节, 1465149168 个扇区
Units = 扇区 of 1 * 512 = 512 bytes
扇区大小(逻辑/物理): 512 字节 / 512 字节
I/O 大小(最小/最佳): 512 字节 / 512 字节
磁盘标签类型: dos
磁盘标识符: 0x743d48e2

   设备 Boot      Start         End      Blocks   Id  System
/dev/sdd1          2048  1465149167   732573560   83  Linux

磁盘 /dev/sdb: 750.2 GB, 750156374016 字节, 1465149168 个扇区
Units = 扇区 of 1 * 512 = 512 bytes
扇区大小(逻辑/物理): 512 字节 / 512 字节
I/O 大小(最小/最佳): 512 字节 / 512 字节
磁盘标签类型: dos
磁盘标识符: 0x0004fb77

   设备 Boot      Start         End      Blocks   Id  System
/dev/sdb1          2048  1465149167   732573560   83  Linux

磁盘 /dev/sdf: 750.2 GB, 750156374016 字节, 1465149168 个扇区
Units = 扇区 of 1 * 512 = 512 bytes
扇区大小(逻辑/物理): 512 字节 / 512 字节
```

图 3-118

```
hdparm -i /dev/sda
```
查看 sda 硬盘的品牌、类型、SN 等信息(在引导驱动器时获得的信息)
```
hdparm -I /dev/sda
```
查看 sda 硬盘的详细信息(即查看直接从驱动器获取的原始数据,因数据量太大,可以在后面加 |more 分页显示),如图 3-119 所示

```
[root@localhost ~]#     hdparm -I /dev/sda

/dev/sda:

ATA device, with non-removable media
        Model Number:       ST2000NM0011
        Serial Number:      Z1P0QGSY
        Firmware Revision:  PA03
        Transport:          Serial, SATA Rev 3.0
Standards:
        Used: unknown (minor revision code 0x0029)
        Supported: 8 7 6 5
        Likely used: 8
Configuration:
        Logical         max     current
        cylinders       16383   16383
        heads           16      16
        sectors/track   63      63
        --
        CHS current addressable sectors:    16514064
        LBA    user addressable sectors:   268435455
        LBA48  user addressable sectors:  3907029168
        Logical  Sector size:                   512 bytes
        Physical Sector size:                   512 bytes
        device size with M = 1024*1024:       1907729 MBytes
        device size with M = 1000*1000:       2000398 MBytes (2000 GB)
        cache/buffer size  = unknown
        Form Factor: 3.5 inch
        Nominal Media Rotation Rate: 7202
Capabilities:
        LBA, IORDY(can be disabled)
        Queue depth: 32
        Standby timer values: spec'd by Standard, no device specific mi
```

图 3-119

```
smartctl -a /dev/sda
```
这个工具可能需要另外安装,用来查看硬盘的详细信息以及报错信息,如图 3-120 所示

```
[root@localhost ~]# smartctl -a /dev/sda
smartctl 6.5 2016-05-07 r4318 [x86_64-linux-3.10.0-862.el7.x86_64] (local build)
Copyright (C) 2002-16, Bruce Allen, Christian Franke, www.smartmontools.org

=== START OF INFORMATION SECTION ===
Model Family:     Seagate Constellation ES (SATA 6Gb/s)
Device Model:     ST2000NM0011
Serial Number:    Z1P0QGSY
LU WWN Device Id: 5 000c50 03f3431f3
Add. Product Id:  DELL(tm)
Firmware Version: PA03
User Capacity:    2,000,398,934,016 bytes [2.00 TB]
Sector Size:      512 bytes logical/physical
Rotation Rate:    7202 rpm
Form Factor:      3.5 inches
Device is:        In smartctl database [for details use: -P show]
ATA Version is:   ATA8-ACS T13/1699-D revision 4
SATA Version is:  SATA 3.0, 3.0 Gb/s (current: 3.0 Gb/s)
Local Time is:    Tue Nov  6 10:38:37 2018 CST
SMART support is: Available - device has SMART capability.
SMART support is: Enabled

=== START OF READ SMART DATA SECTION ===
SMART overall-health self-assessment test result: PASSED

General SMART Values:
Offline data collection status:  (0x82) Offline data collection activity
```

图 3-120

```
smartctl -H /dev/sdb
```
查看硬盘的健康状况,如图 3-121 所示

```
[root@localhost ~]# smartctl -H /dev/sdb
smartctl 6.5 2016-05-07 r4318 [x86_64-linux-3.10.0-862.el7.x86_64] (local build)
Copyright (C) 2002-16, Bruce Allen, Christian Franke, www.smartmontools.org

=== START OF READ SMART DATA SECTION ===
SMART overall-health self-assessment test result: PASSED
```

图 3-121

nvme_smart   /dev/nvme* n*   # 查看 PCIe 硬盘读写方面的信息（这里的硬盘序号 n，需要用 lsblk 命令来查看）

nvme_id_ctrl   /dev/nvme* n*   查看 PCIe 硬盘的 SN、品牌型号、固件等信息（这里的硬盘序号 n，需要用 lsblk 命令来查看），如图 3-122 所示

图 3-122

tune2fs -l/dev/mmcblk0p2   # 查看某个分区的文件系统信息（含报错信息）

ip a   # 查看网络情况（含通断、IP 等信息），如图 3-123 所示

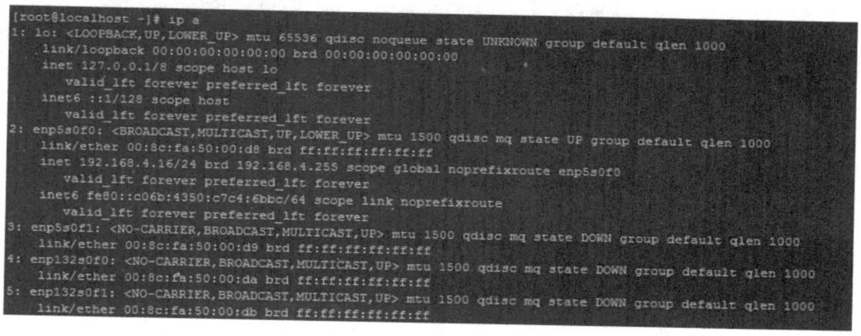

图 3-123

ip -s link   # 查看网络详细情况（含通断、传输、IP、报错等信息），如图 3-124 所示

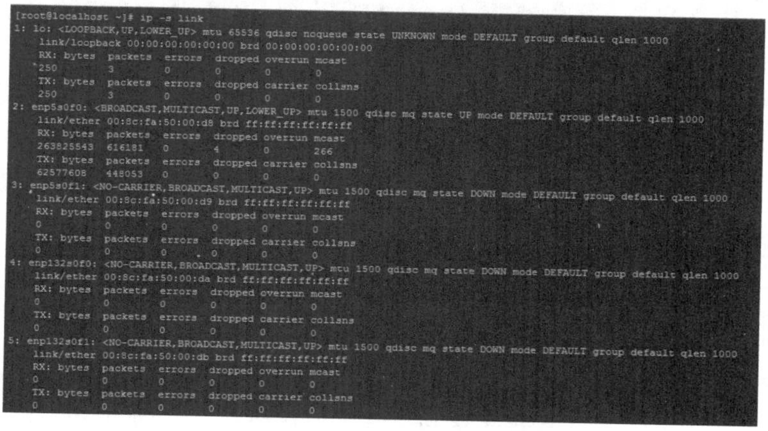

图 3-124

ifconfig　　　　# 查看网络基本情况，如图 3-125 所示

```
[root@localhost ~]# ifconfig
enp132s0f0: flags=4099<UP,BROADCAST,MULTICAST>  mtu 1500
        ether 00:8c:fa:50:00:da  txqueuelen 1000  (Ethernet)
        RX packets 0  bytes 0 (0.0 B)
        RX errors 0  dropped 0  overruns 0  frame 0
        TX packets 0  bytes 0 (0.0 B)
        TX errors 0  dropped 0 overruns 0  carrier 0  collisions 0

enp132s0f1: flags=4099<UP,BROADCAST,MULTICAST>  mtu 1500
        ether 00:8c:fa:50:00:db  txqueuelen 1000  (Ethernet)
        RX packets 0  bytes 0 (0.0 B)
        RX errors 0  dropped 0  overruns 0  frame 0
        TX packets 0  bytes 0 (0.0 B)
        TX errors 0  dropped 0 overruns 0  carrier 0  collisions 0

enp5s0f0: flags=4163<UP,BROADCAST,RUNNING,MULTICAST>  mtu 1500
        inet 192.168.4.16  netmask 255.255.255.0  broadcast 192.168.4.255
        inet6 fe80::c06b:4350:c7c4:6bbc  prefixlen 64  scopeid 0x20<link>
        ether 00:8c:fa:50:00:d8  txqueuelen 1000  (Ethernet)
        RX packets 616214  bytes 263828501 (251.6 MiB)
        RX errors 0  dropped 4  overruns 0  frame 0
        TX packets 448089  bytes 62586456 (59.6 MiB)
        TX errors 0  dropped 0 overruns 0  carrier 0  collisions 0
        device memory 0xdfc20000-dfc3ffff

enp5s0f1: flags=4099<UP,BROADCAST,MULTICAST>  mtu 1500
        ether 00:8c:fa:50:00:d9  txqueuelen 1000  (Ethernet)
        RX packets 0  bytes 0 (0.0 B)
        RX errors 0  dropped 0  overruns 0  frame 0
        TX packets 0  bytes 0 (0.0 B)
        TX errors 0  dropped 0 overruns 0  carrier 0  collisions 0
        device memory 0xdfc00000-dfc1ffff

lo: flags=73<UP,LOOPBACK,RUNNING>  mtu 65536
        inet 127.0.0.1  netmask 255.0.0.0
        inet6 ::1  prefixlen 128  scopeid 0x10<host>
        loop  txqueuelen 1000  (Local Loopback)
        RX packets 3  bytes 250 (250.0 B)
        RX errors 0  dropped 0  overruns 0  frame 0
        TX packets 3  bytes 250 (250.0 B)
        TX errors 0  dropped 0 overruns 0  carrier 0  collisions 0
```

图 3-125

ethtool -i enp*　　　　# 查看网卡接口名称，如图 3-126 所示

```
[root@localhost ~]# ethtool -i enp5s0f0
driver: igb
version: 5.4.0-k
firmware-version: 1.52.0
expansion-rom-version:
bus-info: 0000:05:00.0
supports-statistics: yes
supports-test: yes
supports-eeprom-access: yes
supports-register-dump: yes
supports-priv-flags: yes
```

图 3-126

（2）lspci 命令能够用来查看所有 PCI 设备的信息，包括设备的 BDF、设备类型、厂商等。该命令可以用来查看所有 PCI 总线和与 PCI 总线相连的设备（比如 GPU、网卡、USB 端口、SAS 和 SATA 控制器等）的详细信息。该命令的一般用法如下所述。

lspci # 查看所有相关设备

lspci -s \[BDF\] # 显示指定 BDF 号的设备信息

lspci -v/-vv/-vvv # 显示详细的 PCI 设备信息，v 越多，信息越详细，上限 3 个 v，如图 3-127 所示

lspci -s \[BDF\] -vvv # 详细显示指定 BDF 号的设备信息

```
[root@localhost ~]# lspci -vvv -s 05:00.0
05:00.0 Ethernet controller: Intel Corporation I350 Gigabit Network Connection (rev 01)
        Subsystem: Inventec Corporation Device 0054
        Control: I/O+ Mem+ BusMaster+ SpecCycle- MemWINV- VGASnoop- ParErr- Stepping- SERR- FastB2B- DisINTx+
        Status: Cap+ 66MHz- UDF- FastB2B- ParErr- DEVSEL=fast >TAbort- <TAbort- <MAbort- >SERR- <PERR- INTx-
        Latency: 0, Cache Line Size: 64 bytes
        Interrupt: pin A routed to IRQ 49
        NUMA node: 0
        Region 0: Memory at dfc20000 (32-bit, non-prefetchable) [size=128K]
        Region 2: I/O ports at 7020 [size=32]
        Region 3: Memory at dfcc4000 (32-bit, non-prefetchable) [size=16K]
        Capabilities: [40] Power Management version 3
                Flags: PMEClk- DSI+ D1- D2- AuxCurrent=0mA PME(D0+,D1-,D2-,D3hot+,D3cold+)
                Status: D0 NoSoftRst+ PME-Enable- DSel=0 DScale=1 PME-
        Capabilities: [50] MSI: Enable- Count=1/1 Maskable+ 64bit+
                Address: 0000000000000000  Data: 0000
                Masking: 00000000  Pending: 00000000
        Capabilities: [70] MSI-X: Enable+ Count=10 Masked-
                Vector table: BAR=3 offset=00000000
                PBA: BAR=3 offset=00002000
        Capabilities: [a0] Express (v2) Endpoint, MSI 00
                DevCap: MaxPayload 512 bytes, PhantFunc 0, Latency L0s <512ns, L1 <64us
                        ExtTag- AttnBtn- AttnInd- PwrInd- RBE+ FLReset+ SlotPowerLimit 0.000W
                DevCtl: Report errors: Correctable+ Non-Fatal+ Fatal+ Unsupported+
                        RlxdOrd- ExtTag- PhantFunc- AuxPwr- NoSnoop+ FLReset-
                        MaxPayload 256 bytes, MaxReadReq 512 bytes
                DevSta: CorrErr+ UncorrErr- FatalErr- UnsuppReq+ AuxPwr+ TransPend-
                LnkCap: Port #3, Speed 5GT/s, Width x4, ASPM L0s L1, Exit Latency L0s <4us, L1 <32us
```

图 3-127

lspci -vvv | grep -A 20 BDF 号或设备名称关键字 # 查看从某个 BDF 信息（或关键字）开始的前 20 行详细信息，如图 3-128 所示

```
[root@localhost ~]# lspci -vvv | grep -A 20 05:00.0
pcilib: sysfs_read_vpd: read failed: Input/output error
05:00.0 Ethernet controller: Intel Corporation I350 Gigabit Network Connection (rev 01)
        Subsystem: Inventec Corporation Device 0054
        Control: I/O+ Mem+ BusMaster+ SpecCycle- MemWINV- VGASnoop- ParErr- Stepping- SERR- FastB2B- DisINTx+
        Status: Cap+ 66MHz- UDF- FastB2B- ParErr- DEVSEL=fast >TAbort- <TAbort- <MAbort- >SERR- <PERR- INTx-
        Latency: 0, Cache Line Size: 64 bytes
        Interrupt: pin A routed to IRQ 49
        NUMA node: 0
        Region 0: Memory at dfc20000 (32-bit, non-prefetchable) [size=128K]
        Region 2: I/O ports at 7020 [size=32]
        Region 3: Memory at dfcc4000 (32-bit, non-prefetchable) [size=16K]
        Capabilities: [40] Power Management version 3
                Flags: PMEClk- DSI+ D1- D2- AuxCurrent=0mA PME(D0+,D1-,D2-,D3hot+,D3cold+)
                Status: D0 NoSoftRst+ PME-Enable- DSel=0 DScale=1 PME-
        Capabilities: [50] MSI: Enable- Count=1/1 Maskable+ 64bit+
                Address: 0000000000000000  Data: 0000
                Masking: 00000000  Pending: 00000000
        Capabilities: [70] MSI-X: Enable+ Count=10 Masked-
                Vector table: BAR=3 offset=00000000
                PBA: BAR=3 offset=00002000
        Capabilities: [a0] Express (v2) Endpoint, MSI 00
                DevCap: MaxPayload 512 bytes, PhantFunc 0, Latency L0s <512ns, L1 <64us
pcilib: sysfs_read_vpd: read failed: Input/output error
pcilib: sysfs_read_vpd: read failed: Input/output error
```

图 3-128

lspci | grep -i eth # 查看网卡硬件信息，如图 3-129 所示

```
[root@localhost ~]# lspci | grep -i eth
05:00.0 Ethernet controller: Intel Corporation I350 Gigabit Network Connection (rev 01)
05:00.1 Ethernet controller: Intel Corporation I350 Gigabit Network Connection (rev 01)
84:00.0 Ethernet controller: Intel Corporation 82599ES 10-Gigabit SFI/SFP+ Network Connection (rev 01)
84:00.1 Ethernet controller: Intel Corporation 82599ES 10-Gigabit SFI/SFP+ Network Connection (rev 01)
```

图 3-129

lspci -vvv | grep PCIe 设备的 BDF 号或其名称的关键字 -A 30 | grep Width # 查看 PCIe 设备的速度，如图 3-130 所示

```
[root@localhost ~]# lspci -vvv | grep Ethernet  -A 30  | grep Width
pcilib: sysfs_read_vpd: read failed: Input/output error
pcilib: sysfs_read_vpd: read failed: Input/output error
                LnkCap: Port #3, Speed 5GT/s, Width x4, ASPM L0s L1, Exit Latency L0s <4us, L1 <32us
                LnkSta: Speed 5GT/s, Width x4, TrErr- Train- SlotClk+ DLActive- BWMgmt- ABWMgmt-
                LnkCap: Port #3, Speed 5GT/s, Width x4, ASPM L0s L1, Exit Latency L0s <4us, L1 <32us
pcilib:                 LnkSta: Speed 5GT/s, Width x4, TrErr- Train- SlotClk+ DLActive- BWMgmt- ABWMgmt-
sysfs_read_vpd: read failed: Input/output error
                LnkCap: Port #0, Speed 5GT/s, Width x8, ASPM L0s, Exit Latency L0s unlimited, L1 <8us
                LnkSta: Speed 5GT/s, Width x8, TrErr- Train- SlotClk+ DLActive- BWMgmt- ABWMgmt-
                LnkCap: Port #0, Speed 5GT/s, Width x8, ASPM L0s, Exit Latency L0s unlimited, L1 <8us
                LnkSta: Speed 5GT/s, Width x8, TrErr- Train- SlotClk+ DLActive- BWMgmt- ABWMgmt-
```

图 3-130

lspci -n -d 144d:a804 -vvv | grep -i Width # 查看系统上所有三星 PM963 SSD(U.2 接口)的速度

(3) 其他命令。

inxi 命令是一个 bash 脚本,能够从系统的多个来源和命令获取硬件信息,并打印出一个非技术人员也能看懂的友好的报告。不过系统一般默认不安装这个命令。

dmesg > dmesg.log # 导出系统日志

3.4.2.2 查看系统信息和系统日志

获取系统信息和系统日志的主要工具是 ipmitool,其常见用法如下所述。

ipmitool -V # 查看 ipmitool 版本

ipmitool sel list > sel-txt.log # 导出 SEL 日志,如图 3-131 所示

ipmitool sel save sel-raw.log # 保存 SEL raw data 日志

```
******************************
   SEL informations:
******************************

    SEL list
------------------------------
  1 | 10/17/2018 | 18:50:39 | Event Logging Disabled #0xc3 | Log area reset/cleared | Asserted
  2 | 10/17/2018 | 19:10:06 | Unknown #0xcb |  | Asserted
  3 | 10/17/2018 | 19:10:26 | System Boot Initiated #0xe0 | Initiated by power up | Asserted
  4 | 10/17/2018 | 19:34:07 | System Boot Initiated #0xe0 | Initiated by power up | Asserted
  5 | 10/18/2018 | 22:21:18 | Unknown #0xcb |  | Asserted
  6 | 10/18/2018 | 22:21:37 | System Boot Initiated #0xe0 | Initiated by power up | Asserted
  7 | 10/18/2018 | 22:23:07 | Temperature #0x22 | Upper Non-critical going high | Asserted
  8 | 10/18/2018 | 22:23:07 | Temperature #0x22 | Upper Critical going high | Asserted
  9 | 10/18/2018 | 22:23:07 | Temperature #0x22 | Upper Non-recoverable going high | Asserted
  a | 10/18/2018 | 22:23:17 | Temperature #0x22 | Upper Non-recoverable going high | Deasserted
  b | 10/18/2018 | 22:23:17 | Temperature #0x22 | Upper Critical going high | Deasserted
  c | 10/18/2018 | 22:23:17 | Temperature #0x22 | Upper Non-critical going high | Deasserted

    Raw data
------------------------------
0x04 0x10 0xc3 0x6f 0x22 0xff 0xff # Event Logging Disabled #0xc3 Log area reset/cleared
0x04 0xcf 0xcb 0x6f 0x20 0x03 0x00 # Unknown #0xcb Unknown
0x04 0x1d 0xe0 0x6f 0x20 0xff 0x00 # System Boot Initiated #0xe0 Initiated by power up
0x04 0x1d 0xe0 0x6f 0x20 0xff 0x00 # System Boot Initiated #0xe0 Initiated by power up
0x04 0xcf 0xcb 0x6f 0x20 0x03 0x00 # Unknown #0xcb Unknown
0x04 0x1d 0xe0 0x6f 0x20 0xff 0x00 # System Boot Initiated #0xe0 Initiated by power up
0x04 0x01 0x22 0x01 0x67 0x69 0x40 # Temperature #0x22 Upper Non-critical going high
0x04 0x01 0x22 0x01 0x69 0x69 0x80 # Temperature #0x22 Upper Critical going high
0x04 0x01 0x22 0x01 0x6b 0x69 0x80 # Temperature #0x22 Upper Non-recoverable going high
0x04 0x01 0x22 0x81 0x6b 0x21 0x80 # Temperature #0x22 Upper Non-recoverable going high
0x04 0x01 0x22 0x81 0x69 0x21 0x80 # Temperature #0x22 Upper Critical going high
0x04 0x01 0x22 0x81 0x67 0x21 0x40 # Temperature #0x22 Upper Non-critical going high
```

图 3-131

ipmitool sel clear # 清除 SEL 记录

ipmitool sel list # 列出 SEL 信息

ipmitool fru # 读取 FRU 信息

ipmitool bmc reset cold # 重启 BMC

ipmitool sdr elist # 查看传感器 SDR 列表信息(包含 PSU、FAN 等),如图 3-132 所示

```
[root@localhost ~]# ipmitool sdr elist
MLB TEMP 1          | 21h | ok |  7.1  | 41 degrees C
MLB TEMP 2          | 22h | ok |  7.2  | 36 degrees C
MLB TEMP 3          | 23h | ok |  7.3  | 30 degrees C
MLB TEMP 4          | 24h | ok |  7.4  | 30 degrees C
MLB TEMP 5          | 25h | ok |  7.5  | 31 degrees C
MLB TEMP 6          | 26h | ok |  7.6  | 31 degrees C
MLB TEMP 7          | 27h | ok |  7.7  | 30 degrees C
MLB TEMP 8          | 28h | ok |  7.8  | 28 degrees C
MLB TEMP 9          | 29h | ok |  7.9  | 30 degrees C
MLB TEMP 10         | 2Ah | ok |  7.10 | 28 degrees C
MB Ambient          | 91h | ok |  7.11 | 26 degrees C
SYS Ambient         | 92h | ok | 64.1  | 18 degrees C
CPU 1 Temp          | 61h | ok |  3.1  | 37 degrees C
CPU 2 Temp          | 62h | ok |  3.2  | 36 degrees C
CPU1 PECI ABS       | 65h | ok |  3.3  | 54 degrees C
CPU2 PECI ABS       | 66h | ok |  3.4  | 55 degrees C
CPU1 Status         | 41h | ok |  3.5  | Presence detected
CPU2 Status         | 42h | ok |  3.6  | Presence detected
VCORE1              | 51h | ok |  3.7  | 0.83 Volts
VCORE2              | 52h | ok |  3.8  | 0.84 Volts
STBY 5V             | 11h | ok |  7.12 | 5.02 Volts
PS 5V               | 15h | ok |  7.13 | 5.02 Volts
PS 12.XV            | 16h | ok |  7.14 | 12.09 Volts
PS 3.3V             | 18h | ok |  7.15 | 3.33 Volts
PS 1.1V             | 1Ch | ok |  7.16 | 1.12 Volts
SYS FAN 1           | 01h | ok | 29.1  | 2000 RPM
SYS FAN 2           | 02h | ok | 29.2  | 2000 RPM
SYS FAN 3           | 03h | ok | 29.3  | 2000 RPM
PSU1 Status         | 31h | ok | 10.1  | Presence detected
PSU2 Status         | 32h | ok | 10.2  | Presence detected
Total Power In      | 37h | ok | 10.3  | 159.80 Watts
PSU Redundancy      | 3Fh | ok | 10.4  | Fully Redundant
460PS1_AC_STATUS    | 33h | ok | 10.5  | Device Present
460PS1_DC_STATUS    | 34h | ok | 10.6  | Device Absent
460PS2_AC_STATUS    | 3Dh | ok | 10.7  | Device Present
460PS2_DC_STATUS    | 3Eh | ok | 10.8  | Device Absent
460P1_In_Power      | 35h | ok | 10.9  | 65.80 Watts
460P2_In_Power      | 36h | ok | 10.10 | 89.30 Watts
460P1_Out_Power     | 3Ah | ok | 10.13 | 51.70 Watts
460P2_Out_Power     | 3Bh | ok | 10.14 | 65.80 Watts
460P1_Out_Vol       | 38h | ok | 10.11 | 12 Volts
460P2_Out_Vol       | 39h | ok | 10.12 | 12 Volts
460P1_In_Temp       | 30h | ok | 10.15 | 45 degrees C
460P2_In_Temp       | 3Ch | ok | 10.16 | 46 degrees C
PSU1_VIN_OVP        | E6h | ok | 10.23 |
PSU2_VIN_OVP        | E7h | ok | 10.24 |
SEL Fullness        | 7Ah | ok |  7.18 | Log area reset/cleared
PEF Action          | 71h | ok |  7.19 |
ACPI Pwr State      | 73h | ok |  7.17 | Legacy ON state
PCI BUS             | 7Ch | ok |  7.22 |
```

图 3-132

ipmitool sdr dump sdr.raw　# 下载传感器 SDR 信息到文件

ipmitool sdr type fan　# 查看风扇信息,如图 3-133 所示

```
[root@localhost ~]# ipmitool sdr type fan
SYS FAN 1           | 01h | ok | 29.1 | 2000 RPM
SYS FAN 2           | 02h | ok | 29.2 | 2000 RPM
SYS FAN 3           | 03h | ok | 29.3 | 2000 RPM
```

图 3-133

ipmitool sdr elist | grep PS　# 查看电源状态,如图 3-134 所示

```
[root@localhost ~]# ipmitool sdr elist | grep PS
PS 5V               | 15h | ok |  7.13 | 5.02 Volts
PS 12.XV            | 16h | ok |  7.14 | 12.03 Volts
PS 3.3V             | 18h | ok |  7.15 | 3.33 Volts
PS 1.1V             | 1Ch | ok |  7.16 | 1.12 Volts
PSU1 Status         | 31h | ok | 10.1  | Presence detected
PSU2 Status         | 32h | ok | 10.2  | Presence detected
PSU Redundancy      | 3Fh | ok | 10.4  | Fully Redundant
460PS1_AC_STATUS    | 33h | ok | 10.5  | Device Present
460PS1_DC_STATUS    | 34h | ok | 10.6  | Device Absent
460PS2_AC_STATUS    | 3Dh | ok | 10.7  | Device Present
460PS2_DC_STATUS    | 3Eh | ok | 10.8  | Device Absent
PSU1_VIN_OVP        | E6h | ok | 10.23 |
PSU2_VIN_OVP        | E7h | ok | 10.24 |
```

图 3-134

ipmitool bmc info　# 查看 BMC 的详细信息,如图 3-135 所示

```
[root@localhost ~]# ipmitool bmc info
Device ID                : 36
Device Revision          : 1
Firmware Revision        : 4.65
IPMI Version             : 2.0
Manufacturer ID          : 6569
Manufacturer Name        : Unknown (0x19A9)
Product ID               : 54 (0x0036)
Product Name             : Unknown (0x36)
Device Available         : yes
Provides Device SDRs     : no
Additional Device Support :
    Sensor Device
    SDR Repository Device
    SEL Device
    FRU Inventory Device
    IPMB Event Receiver
    IPMB Event Generator
    Chassis Device
Aux Firmware Rev Info    :
    0x00
    0x00
    0x00
    0x00
```

图 3-135

ipmitool lan print　# 打印出本机所有的网络信息

3.4.2.3　用户管理

ipmitool user list 1　# 查看 BMC 下的用户列表

ipmitool user set name 1 admin　# 设置 ID 为 1 的用户名为 admin

ipmitool user set password 1 admin　# 设置 ID 为 1 的用户密码为 admin

3.4.2.4　升级 Firmware,刷新或设置 FRU

在无盘模式下升级 BIOS 和 BMC 的固件(Firmware)、刷新或设置 FRU 是安全、便捷、稳定、高效的一种方法,因为高级操作系统(如 Linux)相比于低级操作系统(如 DOS),功能更强大、使用更便捷、兼容性也更好。

3.4.2.5　系统测试(含压测)

在日常的售后工作中,遇到报错部件时或在更换部件后经常要进行系统测试工作,但我们是没有权限进入客户的业务系统的,所以,无盘系统就成了我们进行系统测试的最好选择。下面就列举两个测试范例。

(1) 用 memtester 进行内存压测:

./memtester 16G? 20 > /tmp/memtest.log &　# 在后台执行此任务:测试内存大小是否为
16 GB,测试次数为 20 次

tail-100f /tmp/memtest.log　# 查看运行结果

注:还可以使用脚本进行此测试。

(2) CPU 压力测试:

cat /dev/urandom | md5sum &　# CPU 有几核就运行几次此命令

3.5 操作系统

3.5.1 操作系统的类型

操作系统(operating system,OS)是管理和控制计算机硬件与软件资源的计算机程序,是直接运行在"裸机"上的最基本的系统软件。任何其他软件都必须在操作系统的支持下才能运行。OS 的种类很多,但和售后工作直接相关的基本就是 DOS、Windows 和 Linux 三类。

3.5.1.1 DOS

DOS 是磁盘操作系统的英文缩写,是个人计算机上的一类操作系统,DOS 家族包括 MS-DOS、PC-DOS、DR-DOS、Free-DOS、PTS-DOS、ROM-DOS、JM-OS 等,其中 MS-DOS 最为著名,我们这里介绍的 DOS 系统特指微软的 MS-DOS。

DOS 操作系统是一个纯字符界面的操作系统,早期版本的 Windows 系统必须以 MS-DOS 为基础才能工作,如 Windows 95、Windows 98、Windows Me 等。直到微软图形界面操作系统 Windows NT 问世,DOS 才以一个后台程序的形式出现,可以通过单击"运行"→"CMD"进入运行(或者直接单击命令提示符进入运行)。

3.5.1.2 Windows

目前应用最广泛的操作系统无疑就是 Windows 了,Windows 采用了图形化模式 GUI,其使用方式比 DOS 需要键入指令更为人性化。目前主流 Windows 操作系统主要有 Windows XP、Windows 7、Windows 8、Windows 10 等。

3.5.1.3 Linux

我们日常所说的 Linux 操作系统泛指基于 Linux 核心的操作系统,它是一个基于 POSIX 和 UNIX 的多用户、多任务、支持多线程和多 CPU 的免费的类 UNIX 操作系统。Linux 操作系统诞生于 1991 年 10 月 5 日(第一次正式向外公布时间),它有许多不同的版本,如 RedHat、CentOS、Ubuntu、Debian 等,但它们都使用了 Linux 内核。因具有多用户、多任务、免费、稳定等特性,Linux 系统大多被应用在服务器领域。

3.5.2 操作系统的基本应用

上述三类操作系统是日常售后工作中经常使用的系统,对其基本应用的熟练程度直接影响售后服务的时效。由于无盘系统就是 Linux 系统,其使用方法在前面已经讲解,所以下面就针对 DOS 和 Windows 系统的日常应用功能及使用方法做一些详细介绍。

3.5.2.1 DOS 的基本应用

在售后工作中,一般会在刷新固件(BIOS 和 BMC)或设置 FRU 时应用到 DOS 系统,操作方式均为命令行模式(在 DOS 命令下,英文字母不分大小写)。

1)常用的内部命令

(1) dir:列文件名(目录)。例如 I:\ >dir,如图 3-136 所示。

(2) cd:改变当前目录。举例如下。

```
I:\>dir
 驱动器 I 中的卷是 SANDISK U
 卷的序列号是 F410-CC9D

 I:\ 的目录

2018-01-18  20:30    <DIR>          BMC
2014-07-04  13:43           819,720 wpa_supplicant-2.0-12.el7.x86_64.rpm
2018-01-23  09:07               218 ifcong-wlan0.txt
               2 个文件        819,938 字节
               1 个目录 20,357,103,616 可用字节

I:\>
```

图 3-136

I:\>cd bmc,如图 3-137 所示。

```
I:\>cd bmc

I:\BMC>
```

图 3-137

I:\BMC>cd ..(切换到上一级目录),如图 3-138 所示。

```
I:\BMC>cd ..

I:\>
```

图 3-138

I:\>cd /d c:\或 I:\>c:(切换到磁盘根目录 c:),如图 3-139 所示。

```
I:\>cd /d c:\

c:\>
```

```
I:\>c:

c:\>
```

图 3-139

(3) del:删除文件。例如 I:\del ifcong-wlan0. txt,如图 3-140 所示。

```
 I:\ 的目录

2018-01-18  20:30    <DIR>          BMC
2014-07-04  13:43           819,720 wpa_supplicant-2.0-12.el7.x86_64.rpm
2018-01-23  09:07               218 ifcong-wlan0.txt
               2 个文件        819,938 字节
               1 个目录 20,357,103,616 可用字节

I:\>del ifcong-wlan0.txt

I:\>dir
 驱动器 I 中的卷是 SANDISK U
 卷的序列号是 F410-CC9D

 I:\ 的目录

2018-01-18  20:30    <DIR>          BMC
2014-07-04  13:43           819,720 wpa_supplicant-2.0-12.el7.x86_64.rpm
               1 个文件        819,720 字节
               1 个目录 20,357,120,000 可用字节

I:\>
```

图 3-140

（4）md:建立子目录。例如 I:\>md test,如图 3-141 所示。

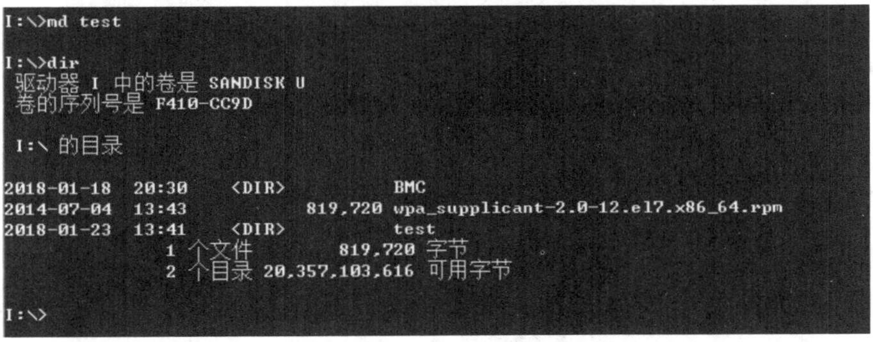

图 3-141

（5）rd:删除目录。例如 I:\>rd test,如图 3-142 所示。

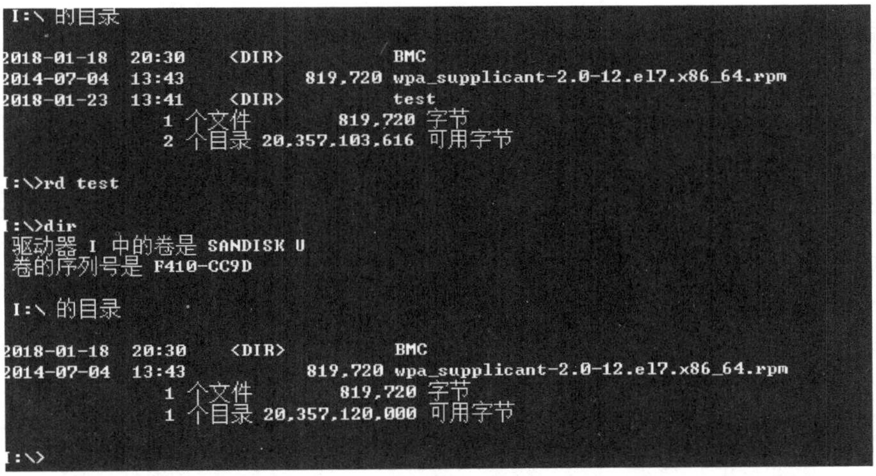

图 3-142

（6）copy:复制文件。例如 I:\>copy c:\test. log i:\,如图 3-143 所示。

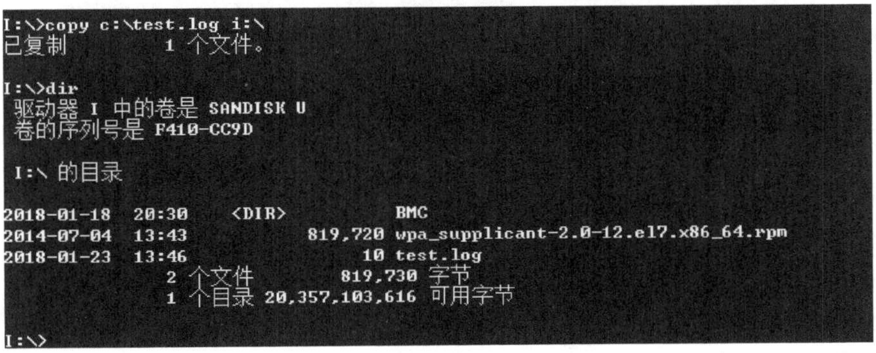

图 3-143

（7）xcopy:复制目录和文件。例如 I:\>xcopy c:\htlog i:\htlog,如图 3-144 所示。

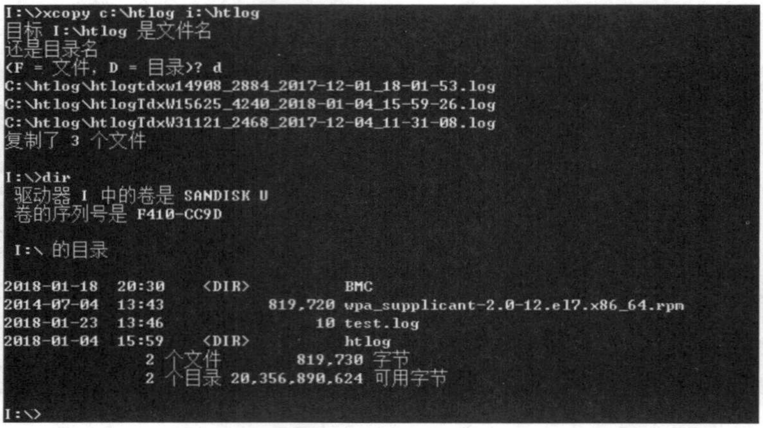

```
I:\>xcopy c:\htlog i:\htlog
目标 I:\htlog 是文件名
还是目录名
(F = 文件, D = 目录)? d
C:\htlog\htlogtdxw14908_2884_2017-12-01_18-01-53.log
C:\htlog\htlogTdxW15625_4240_2018-01-04_15-59-26.log
C:\htlog\htlogTdxW31121_2468_2017-12-04_11-31-08.log
复制了 3 个文件

I:\>dir
 驱动器 I 中的卷是 SANDISK U
 卷的序列号是 F410-CC9D

 I:\ 的目录

2018-01-18  20:30    <DIR>          BMC
2014-07-04  13:43           819,720 wpa_supplicant-2.0-12.el7.x86_64.rpm
2018-01-23  13:46                10 test.log
2018-01-04  15:59    <DIR>          htlog
               2 个文件        819,730 字节
               2 个目录 20,356,890,624 可用字节

I:\>
```

图 3-144

（8）move：移动文件、改目录名。举例如下。

I：\>move test. log c：\，如图 3-145 所示。

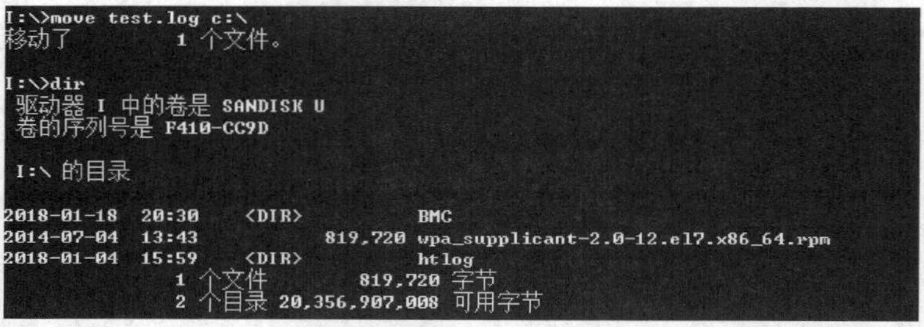

```
I:\>move test.log c:\
移动了         1 个文件。

I:\>dir
 驱动器 I 中的卷是 SANDISK U
 卷的序列号是 F410-CC9D

 I:\ 的目录

2018-01-18  20:30    <DIR>          BMC
2014-07-04  13:43           819,720 wpa_supplicant-2.0-12.el7.x86_64.rpm
2018-01-04  15:59    <DIR>          htlog
               1 个文件        819,720 字节
               2 个目录 20,356,907,008 可用字节
```

图 3-145

I：\>move htlog htlog_test，如图 3-146 所示。

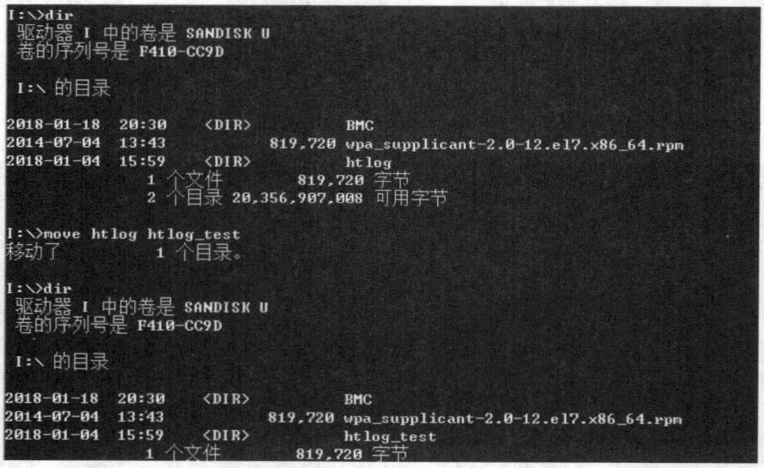

```
I:\>dir
 驱动器 I 中的卷是 SANDISK U
 卷的序列号是 F410-CC9D

 I:\ 的目录

2018-01-18  20:30    <DIR>          BMC
2014-07-04  13:43           819,720 wpa_supplicant-2.0-12.el7.x86_64.rpm
2018-01-04  15:59    <DIR>          htlog
               1 个文件        819,720 字节
               2 个目录 20,356,907,008 可用字节

I:\>move htlog htlog_test
移动了         1 个目录。

I:\>dir
 驱动器 I 中的卷是 SANDISK U
 卷的序列号是 F410-CC9D

 I:\ 的目录

2018-01-18  20:30    <DIR>          BMC
2014-07-04  13:43           819,720 wpa_supplicant-2.0-12.el7.x86_64.rpm
2018-01-04  15:59    <DIR>          htlog_test
               1 个文件        819,720 字节
```

图 3-146

（9）cls：清屏。

当屏幕上太乱了或者屏幕上出现乱码了，可以用清屏命令清除屏幕上显示的内容，这一动作不影响计算机内部任何信息。例如，输入命令 I：\>：并按回车键后，屏幕上只剩下一个

当前路径,如图 3-147 所示。

I:\>:

图 3-147

2) 常用工具的命令及格式

afudos 81G3A215.BIN /p /b /n /x /k /me   # 刷新 BIOS 固件(afu 就是刷新 BIOS 固件的工具)

FBIOS.BAT 2   # 用批处理方式刷新 BIOS 固件(.BAT 是批处理文件)

socflash.exe if= rom.ima   # 刷新 BMC 固件(socflash 为刷新 BMC 固件的程序)

FBMC_DOS.BAT   # 用批处理方式刷新 BMC 固件

frubmc.exe /size 512 /fw* * * * * * * *   # 设置 FRU(后面的 * 因设置项和设置值的不
同而异)

3.5.2.2　Windows 的基本应用

在售后工作中,一般工作内容本身不会直接应用到 Windows 系统,尤其不会在服务器上应用 Windows 系统。但一些准备工作,比如制作 DOS 启动 U 盘、制作 U 盘 Linux 系统、给 BMC 系统分配 IP 地址等就需要用到 Windows 系统。下面就针对这些具体应用展开一些介绍。

1) DOS 环境的准备(DOS 启动盘制作)

在升级固件等应用情景中,我们经常会用到 DOS 系统,而目前的操作系统(即使是 Windows 系统)并不支持直接从 DOS 启动,这就需要我们单独准备一个 DOS 环境,而制作 U 盘 DOS 启动盘是最方便的一种方法(此方法兼容所有 Windows 系统),具体制作步骤如下。

步骤 1:把准备好的 U 盘插入自己的计算机。

步骤 2:打开文件夹"制作 U 盘纯 DOS 启动盘",运行"UltraISO 9.3.6.2750.exe",如图 3-148 所示。

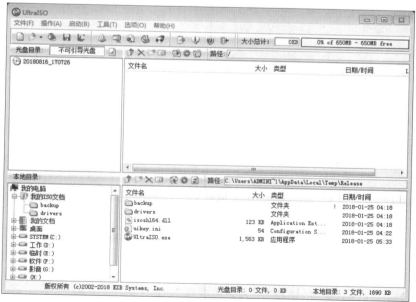

图 3-148

步骤 3：单击"文件"菜单，选择"打开"，如图 3-149 所示。

图 3-149

步骤 4：选择"制作 U 盘纯 DOS 启动盘"文件夹中的"MS-DOS7.10.iso"文件并单击"打开"，如图 3-150 所示。

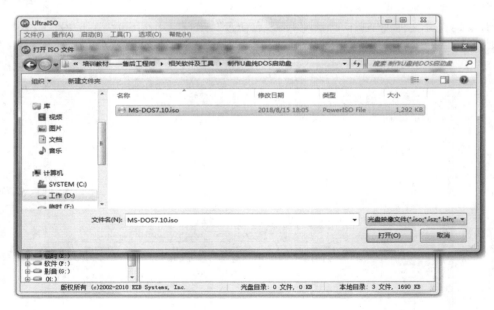

图 3-150

步骤 5：单击"启动"菜单，选择"写入硬盘映像"，如图 3-151 所示。

步骤 6：选择待制作的 U 盘，其他设置默认即可，单击"写入"，如图 3-152 所示。

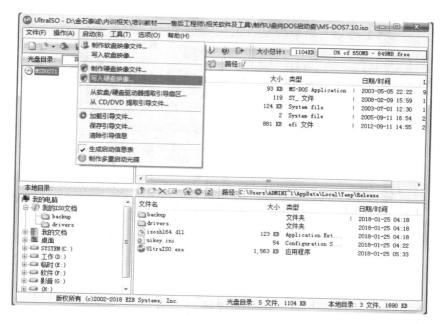

图 3-151

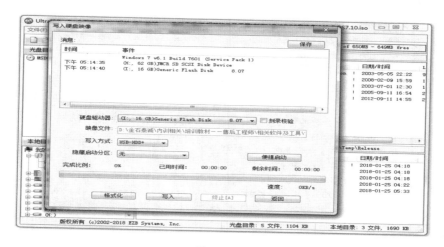

图 3-152

步骤 7：单击"写入"后会弹出提示窗口，单击"是"，开始制作过程，如图 3-153 和图3-154所示。

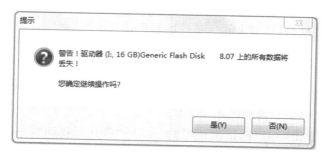

图 3-153

图 3-154

步骤 8:制作完毕,如图 3-155 所示。

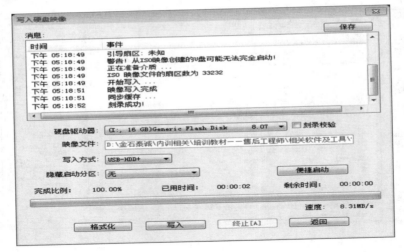

图 3-155

注:把制作好的 U 盘插入服务器任一 USB 口,在加电启动时选择从 U 盘启动(操作系统支持 UEFI 启动了)。

2) Linux 环境的准备(U 盘 Linux 系统的制作)

在维修或改配工作中,如果我们没有无盘系统可用或者使用无盘系统工作效率不高,那就需要我们制作一个 U 盘 Linux 系统。

步骤 1:准备下载文件(在知识库自行下载,文件名为"U 盘 Linux 系统的制作.rar")。

步骤 2:准备一个 U 盘(容量不小于 4 GB)。

步骤 3:打开 UltraISO 软件,依次选择"文件"→"打开",找到"CentOS7_fio_20171127.iso"文件,如图 3-156 所示。

步骤 4:打开"CentOS7_fio_20171127.iso"文件后,不要做任何改动,如图 3-157 所示。

图 3-156

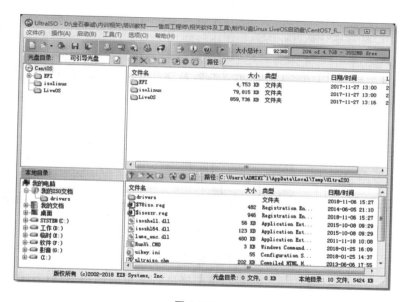

图 3-157

步骤 5：单击"启动"→"写入硬盘映像"，如图 3-158（a）所示。在新打开的窗口（见图 3-158（b））中进行相关设置，设置完成后单击"写入"。

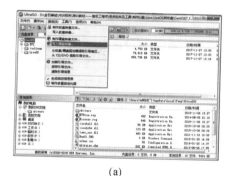

(a)

(b)

图 3-158

步骤 6：在弹出的窗口中单击"是"，直至制作完成，如图 3-159 所示。

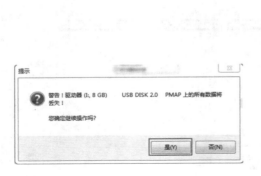

图 3-159

步骤 7：关闭 UltraISO 软件。

注：对于改配类工作，厂家会提供测试脚本。我们只需将厂家提供的"scripts"文件夹复制到 U 盘根目录下即可，如图 3-160 所示。系统从这个 U 盘启动后，脚本文件会自动运行测试工作。

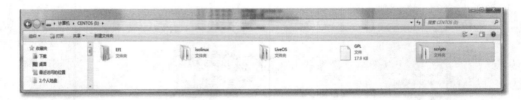

图 3-160

3）配置笔记本的网络（以 Windows 7 旗舰版为例）

步骤 1：单击屏幕右下角的网络图标（注意区分有线和无线应用状态下的图标），在弹出的窗口中单击"打开网络和共享中心"，如图 3-161 所示。

步骤 2：在打开的窗口中单击"更改适配器设置"，在打开的窗口中选择"本机有线网"（此名称可以自己定义，一般默认是"本地连接"），如图 3-162 所示。

图 3-161

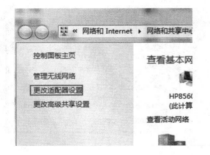

图 3-162

步骤 3:打开"本机有线网 属性"对话框,选择"Internet 协议版本 4(TCP/IPv4)",单击"属性"按钮,如图 3-163(a)所示。在弹出的窗口中填入相关数值(IP 地址的第四位可以自行设定,但不能大于 254),单击"确定",完成配置,如图 3-163(b)所示。

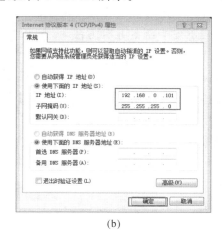

(a)   (b)

图 3-163

4)给服务器 BMC 分配 IP 地址

步骤 1:服务器加电(不用启动系统)。

步骤 2:用网线连接笔记本的网口和服务器的 BMC 管理口(旁边有个扳手标志)。

步骤 3:打开 Tftpd32 v4.52 软件,单击"Settings",如图 3-164(a)所示。在 DHCP 项页面做如图 3-164(b)所示设置。

(a)   (b)

图 3-164

步骤 4:配置完毕,图 3-164(a)中的 192.168.0.1 就是分配给服务器 BMC 的带外管理 IP 地址。

 注意:

这种方法执行成功的前提是 BIOS 的设置项 Configuration Address(source)为 Dynamic Bmc Dhcp(根据 BIOS 版本的不同,这里显示的内容可能为 Dynamic-Obtained by BMC)。

本章练习

1. 简述在 BIOS 中可以实现哪些功能。

2. 列举 BIOS 升级的几种方法。

3. CMOS 芯片的作用是什么？

4. 从系统和功能两个方面简述 BMC 系统的特点。

5. 简述 FRU 的作用和在什么情况下需要使用 FRU。

6. 分别制作一块 DOS 启动盘和一块 Linux 启动盘。

7. 列举无盘系统可以实现的功能。

第 **4** 章　售后 SOP（详解）

学习本章内容,可以获取的知识:
- 对售后作业流程有新的认识
- 对不明原因故障有新的维修思路
- 熟悉常规故障的解决思路和解决方法

本章重点:
△ 维修作业步骤
△ 未知原因故障的判断方法
△ 主要配置故障的解决方案

4.1　维修作业步骤

4.1.1　人员准备

技术员经过公司入职培训且考核合格后方能正式上岗。

4.1.2　规范准备

技术员需要熟知机房操作规范和配件操作规范。

4.1.3　工具准备

技术员需要提前准备好维修所需工具:笔记本计算机、拆机工具、DOS 系统引导 U 盘、U 盘 Linux 系统、万用表(用于主板或不开机故障)、防静电手环、单根网线、散热硅胶等。

4.1.4　备件准备

技术员接收到当地主管分配的维修工单后,根据工单中的机型及故障描述,事先凭经验去库房借取本次维修所需备件(如果前一天有换回故障件,需同时交还)。

扫码观看本章 4.1 视频课程 ▶

4.1.5　定位维修服务器

　　技术员到达维修现场后，根据工单内容，在驻厂技术员的陪同下，找到故障服务器的位置（工单中会有具体注释，驻厂技术员会引导前往）。

4.1.6　常规检查、带电换件

　　技术员在不拆机、不断电的情况下检查故障服务器。

　　① 检查电源线接触、电源开关是否正常。

　　② 检查开机状态下相关指示灯的状态是否正常。

　　③ 检查有无明显异味。

　　④ 检查有无明显异响。

　　⑤ 检查外观有无明显磕碰、变形等物理损伤。

　　⑥ 检查是否有符合工单描述故障的相关现象。

　　⑦ 登录 BMC 系统，查看设备状态和日志，定位故障部件。

　　⑧ 在可以断电的情况下，重新启动服务器，结合 BIOS 信息和 BMC SEL 信息定位故障部件。

　　⑨ 如果确定故障是由可热插拔的设备造成的，可以不关机直接更换设备来解决。

　　⑩ 如果故障部件需要拆机更换，请参照 4.1.7 节内容。

4.1.7　拆机维修

　　拆机维修时，要提前佩戴防静电手环，手环必须接触皮肤，且手环另一端需连接能够接地的金属器物，如机柜等。注意遵守硬件安装操作规范，避免在维修过程中发生撞件等问题。如果拆解不熟悉的机型，需要提前拍照记录相应线位及零件位置，避免拆解后重新安装时出错。

4.1.8　排除故障

　　技术员根据故障现象，通过技术操作或者更换部件排除故障。维修期间如有特殊、疑难问题，需要按照要求分别上报公司 1.5 线技术支持、2 线技术支持或者驻场人员；要记录下排查动作和步骤，包括 log、排查顺序、每一步排查后的结果，以便给后续技术人员的排查或者给客户提供充足的证据。

4.1.9　维修后的复核

　　技术员重复之前的故障再现条件（其实大部分故障没有再现条件，一般操作就是多启动几次服务器，查看配件是否被识别、有无报警等），确认故障问题不再现。

4.1.10　收尾工作

　　维修完成后，技术员检查并带好工具以及更换后的配件，清理现场，办理现场机房结单手续及公司结单手续。

4.1.11　日报

维修结束后及时归还所借备件,在维修当日按公司要求填写维修反馈表和日报并上传给相关负责人。

4.2　未知原因故障的判断方法

如果根据客户反馈的报修工单和 BMC log 可以大致判断、定位出产生问题的故障部件,我们就可以直接对故障部件进行维修或更换。

但在维修未知原因的故障时,要遵循"从简到难、从外而内、从软及硬"的原则逐步判断、定位故障,要有一个清晰的维修思路,这样有利于快速定位故障,以提高维修质量、缩短维修时间、降低维修成本。

4.2.1　观察法

有些部件发生故障会引起明显的非正常表象,可通过观察来快速定位、排除直观可见的故障。

① 肉眼观察服务器内部配件上有无明显不良现象,如线路烧毁,元件发黑、裂开,电容鼓包等。

② 能否闻到元件被烧毁或击穿后的异味。

③ 查看配件安装是否歪斜、插接部件的金手指部分是否有安装不到位的现象。

④ 查看连接线缆有没有明显的松动或脱落现象。

⑤ 根据故障现象小心触碰相应元器件(如 CPU、Memory、Flash、PCH、稳压块等)表面,看其温度是否超过正常温度范围。

如发现部件有上述不良现象,就可快速定位故障零件,从而进行更换和维修。

4.2.2　插接法

运输或者环境的冷热变化可能会导致服务器配件的脱落或接触不良,通过重新插接手段可以排除这类情况导致的故障。

① 重新插接有插接结构的相关零件,检查故障是否排除。

② 如故障元件由多个插接件(如板卡、线缆、面板、SDD、HDD 等)共同组成,则尝试逐一重新插接,再检查故障是否排除。

③ 把机器完全拆开,重新组装一遍,这样可以比较有效地解决一些隐性的接触问题。

4.2.3　最小化配置法

当无法定位某个故障所在的部件时,我们可以通过在能开机的最小化配置上逐步添加部件来判断故障范围。

① 除了主板外,只保留一个 CPU(CPU0 Socket)、一条内存(CPU0 槽位 0)、一个 PSU,断开其他所有部件的连接,用短接开关针脚的方式开机,检测故障是否为主要部件引起的。图 4-1 所示为主板电源开关示意图,短接 11 和 13 针脚即可启动系统。

扫码观看本章 4.2 视频课程 ▶

图 4-1

② 如果最小化配置都不能开机，那就要逐一替换主要部件来确定是哪个部件发生故障。

③ 如果最小化配置能正常开机，那就逐一加载其他配件，通过重新启动来判断是哪个部件发生故障。建议加载配件顺序：CPU、内存、硬盘（含 RAID 卡和 SSD）、网卡、GPU卡等。

4.2.4　替换法

替换法是指通过替换疑似发生故障的部件（产生故障的部件可能不止一个）来检查故障现象有无变化，以此确认故障点。使用此方法的前提是知道故障件的大概范围，通过 1～3 个部件的逐步替换来找出或排除故障。如果没有一个大概范围的判断，则需使用上述的最小化配置法。

具体做法：逐一替换机器内的怀疑部件，观察故障现象是否消失，从而定位故障件。

排查思路：逐一排除绝对没问题的部件，最终定位故障部件。

替换原则：先替换较容易出现故障的部件，比如内存、硬盘等。

4.2.5　交叉比较法

交叉比较法是指通过比较同类型零件（报错零件和正常运行零件）交叉安装测试的检测结果来判定或排除故障部件。使用该方法的前提条件有两个：一是该设备必须有两个以上同样的部件；二是必须有报错信息指向此部件（如果对故障部件没有初步指向的话，则使用替换法来判断）。

通过交叉比较，一般会产生以下结果。

① 故障状况消失，故障原因有可能是部件安装或插接不到位。

② 故障状况随报错部件移动，判定此配件确实是自身故障，需更换掉。

③ 故障状况没有转移，可以排除此配件并非自身故障，需要进行下一步替换或交叉测试。

4.2.6　小结

在维修过程中，只要掌握上述几种查找故障的方法，就一定能找到故障部件。但上述方法不一定单独使用，我们可以根据情况灵活组合使用。另外，当我们接到报修工单时，对工单内容必须先进行检测、排查（查看故障现象是否属实、BMC 原始数据的指向是否吻合等）以确定实际的故障部件，因为客户的监控系统可能会误报，它报出的内容未必就是真正的具体故障件。

4.3 主要配件故障的解决方案

4.3.1 CPU 故障及其解决方案

造成 CPU 故障的主要原因有 CPU 内部损坏、主板 CPU slot pin 变形、CPU 针脚接触面氧化或有散热膏等异物。

4.3.1.1 无法开机的解决方案

（1）通过查看 BMC log 日志或其他方式，定位故障 CPU 位置；

（2）拆机检测故障位置处 CPU 和散热器的接触有无问题；

（3）重新拆装 CPU，确认接触针脚是否弯曲或不良；

（4）单 CPU 测试、交叉更换 CPU 测试，确认是否是单体 CPU 故障；

（5）最小化配置测试，确认是否是其他部件故障；

（6）给主板的 CMOS 放电。

4.3.1.2 死机或者系统频繁重启的解决方案

（1）进 BMC 系统检测 CPU 的温度以及各风扇的状态是否正常。

（2）如果温度异常的话，拆机检查挡风罩是否安装到位；检测 CPU 散热片的固定螺丝是否松动；检测 CPU 和散热片的接触是否异常，CPU 硅脂是否涂抹。

（3）如温度正常，则交叉测试 CPU，确认是否是 CPU 自身故障。

4.3.1.3 报内存错误的解决方案

只有在多条内存的报错位置属于同一 CPU 控制的情况下，发生的故障才有可能是 CPU 故障，其确定和排除方法如下。

（1）确认内存槽位，从而确定所涉及的 CPU 位置；

（2）和另一个 CPU 交换位置后进行测试，会出现以下三种测试结果：

① 内存报错位置转移至另一位置的同样槽位，则确定是该 CPU 故障；

② 内存报错位置不变，则排除该 CPU 故障，更换内存即可；

③ 交换位置后故障消失（没有内存报错），则有可能是 CPU 接触不良、CPU 或内存存在隐性不良，可以按客户硬性要求更换掉报错内存。但后续要关注这台设备，一旦这台设备再次报同样的内存错误，就要更换 CPU 或排除主板问题了。

4.3.1.4 PCIe 设备不能识别或者报错的解决方案

现阶段的 CPU 都集成了 PCIe 控制器，但主板上也有单独的 PCIe 控制器，只有确定（根据服务器用户手册或其他相关资料）故障 PCIe 设备的控制权属于 CPU 才可以使用下述解决方案。

1. PCIe 设备不能识别的解决方案

（1）把本机可正常运行的 PCIe 设备或者确定状况良好的 PCIe 备件更换到报错 PCIe 设备的位置；

（2）如果能够识别，PCIe 设备本身故障，更换之；

（3）如果仍旧不能识别，可把两个 CPU 的位置调换一下（在此之前要确定是哪个 CPU

控制此 PCIe 设备):

① 如果故障位置跟着 CPU 转移,那么确定是此 CPU 故障;

② 如果故障位置不变,那么可以排除 CPU 故障,确定为主板故障。

2. PCIe 设备报错的解决方案

(1)导出 BMC 的 SEL 和原始数据,根据其中信息确定故障 PCIe 设备的 BDF 信息;

(2)根据确定的 BDF 信息在无盘系统下找到对应设备的名称和槽位位置(无盘系统所列出的设备槽位编号和主板的槽位编号并不对应,需要通过相关资料或者逐个测试的方法找到报错设备在主板上的具体槽位位置);

(3)按操作要求更换掉 PCIe 故障部件;

(4)如果更换 PCIe 故障部件后设备还在报错或者短期内再次报错,则需要排除 CPU 和主板故障(交换 CPU 测试):

① 如果故障位置跟着 CPU 转移,则判定为 CPU 故障,更换 CPU;

② 如果故障位置没有发生变化,在确定 PCIe 部件为良品的情况下,可以判定为主板故障,需要更换主板。

4.3.1.5 注意事项

(1)更换 CPU 的时候,注意卡座上的防呆标志(小三角形标志或者缺口标志),对齐后再安放,防止针脚被压弯。

(2)必须在 CPU 表面均匀涂抹一层薄薄的散热硅脂。

(3)故障 CPU 必须放进专用包装。

(4)加固散热片螺丝的时候,务必保证所有螺丝都无法再手工转动。

(5)安装螺丝的方法:先按对角顺序挂上螺丝,然后再逐步拧紧。

(6)CPU 触点面保持干净,不能沾上散热硅脂等其他异物。

4.3.2 主板故障的解决方案

主板的功能(含集成功能)及结构非常复杂,这就导致其故障类型及成因非常多。设备报出的其他故障最后往往都能定位到主板故障,所以服务器的各种故障现象几乎都不能完全排除主板故障的影响,而且有一些故障现象可以比较明显地定位到主板故障。和主板故障相关的问题在其他章节可能会从不同角度进行分析。

4.3.2.1 无法开机的解决方案

(1)进入 BMC 检查是否有主板部件报错信息,如有明确信息,直接更换相应的硬件,如果故障件集成在主板上,则需要更换主板。

(2)拆机检查主板的外观是否正常,如有外观物理损坏(磕碰或者烧毁部件等),则更换主板。

(3)主板 CMOS 电池放电后再测试开机(取下主板 CMOS 电池,关机,断电 5 分钟后再开机)。

(4)通过 BMC 系统刷新 BIOS(可能无法刷新)。

(5)如果能够通过 BMC 实现远程开机,且机器运行正常,则是开关故障,需更换开关面板(最小化配置测试也能测出此故障)。

（6）在已排除 PSU 故障（双电源交换测试或直接拿备件电源测试）的情况下，进行最小化硬件测试。

（7）如果设备能够正常启动，需要先确定是否是开关面板故障。

（8）若主板没有加电反应，则判定为主板故障，应更换主板。

（9）若进不去 BMC 系统，则直接更换主板。

（10）若主板不能完全加电（某些设备不能启动，如风扇不能转动等），则判定为主板故障。

（11）分别替换 CPU 和内存，排除它们的故障，最后确定为主板故障。

4.3.2.2 死机的解决方案

（1）拆机检查主板的外观是否正常，如有外观物理损坏（磕碰或者烧毁部件等），则更换主板。

（2）查看 CPU 的温度是否过高，排除 CPU 故障。

（3）通过替换法测试，首先排除 CPU、内存故障，最终定位主板故障。

（4）通过在最小化配置上逐步加载其他部件的方法，排除其他配件故障。

4.3.2.3 不能识别连接部件的解决方案

用替换法排除部件（如 CPU、RAID 卡等）故障，确定为主板不良。

4.3.2.4 注意事项

（1）更换主板会涉及很多外围部件的拆装，在拆装过程中一定要按照相关 SOP 规范操作，轻拿轻放，严禁部件互相磕碰、野蛮拆装。

（2）在主板的携带和安装过程中要注意保护主板，避免磕碰。

（3）安装主板时首先要保证主板放置到位，然后按照对角顺序依次挂上螺丝，最后再逐步拧紧螺丝。

（4）不要触碰到 CPU 插座上的针脚。

（5）更换主板后要保证 BMC 版本与原主板一致（可以通过升级或刷新 BMC 固件来解决），以防止产生无法开机等问题。

（6）如果原故障主板能进入 BIOS 系统或 BMC 系统，需要先记录下 FRU 信息；不能进入的话，需要提前向服务器厂商相关接口人索要。更换完主板后，必须更新 FRU 信息（除了 Board Serial Number 信息为新主板信息外，其他信息和原主板信息一致）。

（7）一些系统不明故障往往容易指向主板，所以在故障排除过程中要思路清晰、方法合理、判断有据。

（8）客户给出的主板故障工单中有好多是 PCIe 设备故障，所以一定要通过查看 SEL 来找到准确故障部件。

4.3.3 内存故障的解决方案

内存故障的成因主要有内存条松动、内存不良、主板上的内存插槽不良、内存的金手指氧化等。

4.3.3.1 无法开机

（1）查看 BMC 日志，确认是否有内存报错：

① 如果有，更换相应内存，测试是否能开机；

② 如果进不去 BMC 系统，确定主板有故障，更换主板后再进行后面的测试、排查。

（2）利用最小化配置法进行测试，确定是否能开机：

① 不能开机的话，先后替换各部件，找出故障部件；

② 能开机的话，添加全部 CPU，排除 CPU 故障；

③ 逐步添加内存，找出故障内存。

4.3.3.2　死机的解决方案

（1）查看 BMC 或 MCE 日志，如有内存报错，则更换故障内存；

（2）利用最小化配置法等方法，先排除 CPU 故障，再逐步排查每一条内存，确定是内存不良还是主板插槽接触不良。

4.3.3.3　ECC 报错

（1）查看 BMC 和 MCE log（只能指向某个通道），确定故障内存位置；

（2）与其他正常内存（没报错内存或备件内存）交叉测试：

① 报错位置转移，确定为该内存故障；

② 报错位置不变，交叉 CPU 进行测试：

（a）报错位置转移，确定为该内存的控制 CPU 故障；

（b）报错位置不变，确定为主板故障。

4.3.3.4　内存丢失

（1）查看 BIOS 系统或无盘系统的硬件信息，确定故障内存的具体位置。

（2）与其他正常内存（没报错内存或备件内存）交叉测试：

① 报错位置转移，确定为该内存故障；

② 报错位置不变，交叉 CPU 进行测试：

（a）报错位置转移，确定为该内存的控制 CPU 故障；

（b）报错位置不变，确定为主板故障。

（3）英业达公司针对某机型 DIMM lost 工单更新了最新维修 SOP：

① 进入 BIOS Setup，查看 BMC SEL 日志，确定是 ECC、UCE 还是 DIMM lost；

② 更新 Debug BIOS，收集串口日志；

③ 重启 5 次系统，确认问题是否可以复现：

（a）如果 5 次都能够完全复现，需要更换 DIMM，单体返厂；

（b）如果 5 次不全能复现，需要更换 DIMM、MLB、对应槽位的 CPU，整套返厂。

注：故障确认前，切勿拔插内存；更换 CPU、DIMM、MLB 时须整套退回，不可拆除主板上的 CPU 和 DIMM；每次重启时导出 BMC SEL log、串口 log，反馈给 IEC。

4.3.3.5　注意事项

（1）根据用户要求，对于所有内存报错，一律更换处理，不允许插拔处理。

（2）有的内存没有贴 SN 标签，要注意记录。

（3）更换前确保备件内存与故障内存的料号一致。

（4）安装内存时必须插接到位，两边的卡扣必须卡紧。

（5）故障排除后，需要在 BIOS 系统和 BMC 系统中复核内存状态，检测内存是否能被正常识别。

（6）MCE log 提供的报错信息只定位到某个内存通道，所以需要替换此通道的两条内存。

4.3.4 硬盘故障的解决方案

硬盘故障的成因主要有硬盘松动、硬盘不良、插接件（如硬盘背板，RAID 卡，SAS、SATA、PCIe 线）不良或松动。

4.3.4.1 硬盘丢失的解决方案

（1）查看硬盘的状态指示灯是否正常，如果处于不亮灯或亮红灯状态，确认为硬盘故障，更换此硬盘；

（2）进入 BIOS 或 RAID 组，查看硬盘状态，找到不能识别的硬盘，进行插拔处理，看看此硬盘是否能够被识别，如果无效，更换此硬盘；

（3）更换硬盘后如果故障依旧，则按顺序替换硬盘线缆、硬盘背板、RAID 卡、主板，进行排查；

（4）如果硬盘批量丢失，用替换法测试 RAID 卡和硬盘背板是否有故障；

（5）在没有 RAID 卡且丢失硬盘为 SATA 硬盘的服务器上，排除硬盘故障和线缆故障后，可以确定为主板故障；

（6）如果 PCIe 硬盘丢失，在排除硬盘故障和线缆故障后，需要用替换法来排查是否是主板或 CPU 故障。

4.3.4.2 Media Error、SMART Error、IO Error 的解决方案

（1）根据报错日志、BMC 日志等，定位报错硬盘的物理位置；

（2）更换故障硬盘。

4.3.4.3 Rate Down 的解决方案

依次更换硬盘、线缆、背板、RAID 卡、主板，用替换法逐步排查这些设备是否有故障。

4.3.4.4 Hard resetting link 的解决方案

（1）登录无盘系统（或 U 盘 Linux 系统）查看详细报错信息：

```
cat /var/log/message|grep-i "Hard resetting link"
```

按照 4.3.4.1 节的方法进行故障排查。

（2）对于某品牌 K900 机型，若是因为中板的 FW 不对，则需要更换中板。

4.3.4.5 服务器死机或异常重启的解决方案

一般来说，硬盘故障很少会造成服务器死机或异常重启，但是，当硬盘出现严重的物理坏道（SSD 是坏块）时，服务器也有可能会死机或者异常重启。所以，在排查死机或异常重启的故障原因时，需要考虑硬盘原因，但应该把这个原因放在最后去排查。

4.3.4.6 注意事项

（1）更换完硬盘后，要在 BIOS 系统、BMC 系统或者无盘系统中输入 lsscsi 命令（PCIe 硬盘要用 lsblk 命令），看看系统是否能识别硬盘。

（2）在排查过程中，必须首先确认系统中硬盘的编号与主板上硬盘物理位置的对应关系。

（3）RAID 阵列的硬盘故障，尽量不要用交叉测试法排除故障，以免造成数据丢失。

（4）更换 slot0（系统盘）或者 sda 前，需要和 PE 确认能否更换。

（5）在更换硬盘背板时，拆卸之前一定要对容易插混的连接部件进行拍照记录，避免安装时不能还原原来的连接位置。

4.3.5 电源故障的解决方案

电源故障的成因主要有电源不良、电源线松动、电源背板不良或松动。

4.3.5.1 电源不工作（无法开机）的解决方案

（1）检查电源线是否插上或插紧。

（2）检查 PSU 指示灯是否正常（橙灯或绿灯闪烁即为 PSU 故障，直接更换即可；绿灯常亮为正常）。

（3）指示灯不亮时，尝试拔出 PSU 检查接触是否良好，重新安装。

（4）更换 PSU 后，仍不能工作的话，检测 PSU 背板或主板。

4.3.5.2 电源报错的解决方案

（1）根据 PSU 指示灯的报错状态更换故障 PSU；

（2）把两个 PSU 交换位置进行测试，如果故障跟着 PSU 移动，则判断此 PSU 故障，如果故障位置不变，则需要排查是否是背板或者主板电源连接口问题；

（3）从 BIOS 或 BMC 系统查看电源的工作状态，确定故障电源位置，更换故障电源；

（4）如果 PSU 没有明显的表象信息（如指示灯长亮等），可以从 OS 下查看其工作状态（如电压等信息，命令：ipmitool sdr elist │ grep PS），如果电源输出指标等信息不符合要求，即判定此 PSU 故障；

（5）在排除了背板或者主板电源连接口问题的前提下，更换电源后如果还有报错，则要考虑没报错的那个 PSU 是否有问题，进行交叉测试。

4.3.5.3 服务器频繁重启的解决方案

PSU 供电不稳定是造成服务器频繁重启的主要原因之一。服务器频繁重启现象可能没有系统直接报错或者 PSU 指示灯作出警示，但在 SDR 信息中对服务器的工作状况会有一个客观的体现，所以排除方法如下：

（1）根据 PSU 指示灯的报警信息更换故障 PSU；

（2）对于有报错信息且能确定 PSU 位置的情况，直接更换故障 PSU；

（3）对于没有报警信息的情况，需要从 BIOS、BMC 系统以及 OS 下查看 PSU 的工作状态，更换工作状态不稳定的 PSU；

（4）根据实际情况按照上一条方法排查其他位置上的 PSU 故障和主板故障；

（5）对于此类故障，如果时间允许，最好测试一段时间后再结单。

4.3.5.4 注意事项

（1）如果客户要求不关机维修，那么在更换电源前要告知 PE 热插拔电源导致服务器死机或者掉电的风险；

（2）如果客户要求两块电源都进行不关机更换，那么更换完其中一块后需要等待 5 分钟左右（安装好的电源开始工作后）才能再更换另一块；

（3）在维修完毕服务器上架时，务必保证电源线插接到位，以免电源线接触不良造成故障或事故。

4.3.6　风扇故障的解决方案

风扇故障的成因有风扇不良、插接不良、线位不对（多出现在更换主板后）、主板风扇电源口故障、主板 BMC 版本与风扇型号不符等。

4.3.6.1　风扇故障的解决方案

（1）进入 BMC 系统检查风扇是否可以被识别到；

（2）检查风扇电源线是否接触良好，重新拔插；

（3）在 BMC 系统查看风扇转速是否在正常范围内；

（4）更换新风扇后再进行测试，如果风扇转速还是异常，更换风扇背板（特定机型）；

（5）如仍未解决，重刷一下 BMC FW；

（6）如仍未解决，更换主板。

4.3.6.2　有报错但实测风扇正常的解决方案

（1）在 BMC 系统查看风扇转速是否在正常范围内；

（2）检查 BMC 风扇编号同主板风扇电源线槽位是否对应；

（3）刷新 BMC FW；

（4）如果按上述方法排查处理后故障依旧，更换主板。

4.3.6.3　注意事项

（1）更换完风扇之后需要整理线缆，避免线缆接触扇叶；

（2）某些特殊机型的风扇会有两组电源线，需按照相应 SOP 正确安装；

（3）更换完毕后，要在 BIOS 或 BMC 系统中查看风扇是否全部可识别、风扇转速是否正常。

4.3.7　网卡故障的解决方案

网卡故障的主要成因有网卡不良、接触不良、网络环境不良。

4.3.7.1　无法识别的解决方案

（1）在插上网线的正常网络状态下（机房业务环境网络），检查网络接口的指示灯是否正常，如果指示灯不亮即可判断为网卡故障，指示灯不亮不闪说明没有数据传输，不用关注指示灯颜色；

（2）如果插拔网线后网卡指示灯依旧不亮，在 BIOS、BMC 系统或 OS 下查看是否有相应网卡的信息，没有的话，重新插拔网卡后再进行查看，仍旧没有的话，判定网卡损坏；

（3）如果更换网卡后故障依旧，更换主板（集成网卡损坏也需要更换主板）。

4.3.7.2　丢包、网络不通或错误的解决方案

（1）查看网卡状态和网络传输状态：

① OS 下用 ping 命令查看是否有丢包，丢包严重的话需要进一步的辅助判断；

② 在 ip-s link（或 ifconfig）结果中查看 RX&TX 的 dropped 和 error 是否为 0，若不为 0 则说明有问题，需要进一步的辅助判断。

（2）更换网线和网络环境（比如换成新的网线和自己的笔记本计算机连接）后对网卡状态及网络传输状态进行检测：

① 如果状态正常，则判断原网线或网络存在故障；

② 如果状态依旧，则判断网卡损坏。

（3）若更换网卡后故障依旧，则更换主板（集成网卡损坏也需要更换主板）。

4.3.7.3　注意事项

（1）更换网卡后必须在 OS 下对网卡状态和网络传输状态进行复查；

（2）如果有 PCIe 转接卡的话，则需要排查此卡的故障；

（3）目前按某用户的规定，更换网卡（含集成网卡的主板）后要对网卡的 MAC 地址进行 fix 操作。

4.3.8　BMC 故障的解决方案

4.3.8.1　带外不通的解决方案

（1）在机架位置上查看 BMC 网络接口的指示灯是否正常（绿灯持续亮着为正常，指示灯没有亮为异常）；

（2）用网线连接自己的工作计算机到 BMC 管理口，查看 BMC 管理口的指示灯是否正常：

① 如果指示灯一直没有点亮的话，更换主板；

② 如果指示灯一直正常或者检测时正常了，分配一个 IP 给 BMC：

（a）如果 BMC 能够获取 IP（通过 ping 命令来验证，或者登录一下 BMC 系统），则说明 BMC 正常，可能是网线或者客户的网络环境存在问题；

（b）如果不能获取，则判定 BMC 损坏，更换主板。

图 4-2

4.3.8.2　BMC 系统故障的解决方案

从 BMC 的 Alive 灯（见图 4-2）来判断 BMC 的工作是否正常（正常情况下，大约一秒闪烁一次）：如果闪烁不正常或者没有点亮，判定为 BMC 损坏，更换主板。

4.3.8.3　注意事项

如果工单报显卡故障或者服务器显示故障，这也可能与 BMC 有关，在故障排查过程中要加入测试 BMC 的环节。

4.3.9　总结

（1）系统无法开机或死机基本都是由 CPU、内存和主板故障造成的，系统自动重启一般也只和主板、CPU 故障有关，所以前面介绍的针对主要部件故障的解决方案并不是孤立的，需要我们综合判断、综合运用。

（2）在处理死机故障时，先不要对设备做任何动作，要第一时间观察服务器的外观、死机界面以及各指示灯状态。

（3）由于客户工单提供的报修信息并不一定准确，所以每次维修工作开始前，要查看并导出 BMC 日志，并结合其他故障现象准确定位故障部件。

（4）每次维修工作结束后，必须清除 BMC 日志。

（5）在拆卸大量设备或者容易弄混的线缆（如硬盘背板线缆等）时，一定要先拍照，以供安装时参照，避免安装错误而造成新的故障。

（6）如果现场没有条件进入无盘系统的话，一定要自己制作一个 U 盘 Linux 系统，因为好多故障的判断需要 BMC 日志。

（7）领取备件时，必须确保备件的料号与原故障部件一致，不可擅自用其他不同料号的备件代替。

（8）在维修作业时，要遵照客户的机房维修 SOP 和驻场要求，不得使用机架电源给非机房设备（如笔记本计算机、手机等）供电或测试服务器。

本章练习

1. 简述维修作业的大致步骤。
2. 列举有哪些方法可以判断未知原因的故障。
3. 简述 CPU 故障的解决方案。
4. 简述主板故障可能会带来哪些问题。
5. 内存故障可能会导致服务器出现哪些问题？
6. 简述硬盘故障的维修流程。
7. 风扇故障可能会带来哪些问题？
8. 有哪些方法可以判断网卡故障？
9. 每次维修完毕后旧的 BMC 日志该如何处理？

第 **5** 章　技术方案

学习本章内容,可以获取的知识:
- 带外 SEL 下载的方法
- 带外 SEL 下载需要用到的工具
- 带外 SEL 可以实现的功能

本章重点:
△ 带外 SEL 下载的 SOP
△ 带外 SEL 的故障定位

5.1　带外 SEL 下载 SOP

SEL 是我们判断故障最常用、最基本的依据,我们可以通过多种方式获取 SEL,比如在无盘系统下可以很方便地查询和获得 SEL。

登录自带的 U 盘 Linux 系统或服务器的无盘系统,输入下列命令:

```
ipmitool sel list > sel-list.log
ipmitool sel save sel-raw.log
```

> 注意:
> 上述两条命令也可以用"ipmitool sel save sel-raw.log ＞sel-list.log"一条命令,生成两个文件。

```
ipmitool sdr elist > sdr-list.log
```

> 注意:
> 在 Linux 环境中"＞"的意思为把"＞"前面显示的内容直接生成到指定文件。若有这个文件,生成内容会将里面的内容全部覆盖;若没有这个文件,先创建,然后再在该文件中生成"＞"前面显示的内容。

上述方法必须在服务器停机并重启后使用。但是在某些特殊情况下,需要在不影响业务的情况下获取 SEL 文件,这就需要从带外直接下载 SEL,方法如下。

（1）用 Tftpd32 软件给服务器自动分配一个 IP 地址。

使用自己的手提计算机（必须把防火墙关闭），配置 IP 为 192.168.0.＊网段，配置子网掩码为 255.255.255.0，无需网关。

使用网线将计算机连接到服务器带外管理口，打开 Tftpd 软件（Tftpd32 v4.52），打开"Settings"菜单，在 DHCP 项下做如图 5-1(a)所示设置，图 5-1(b)中的 IP 地址 192.168.0.1 就是分配给服务器 BMC 的带外管理 IP 地址。

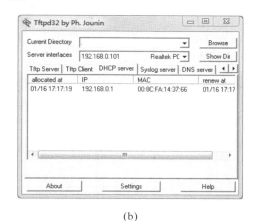

(a)   (b)

图 5-1

> **注意：**
> 上述方法执行成功的前提是 BIOS 的设置项 Configuration Address (source)为 Dynamic Bmc Dhcp（根据 BIOS 版本的不同，这里显示的内容可能为 Dynamic-Obtained by BMC）

（2）进入 CMD 模式及保存 ipmitool 目录下，分别按以下命令保存 SEL 和 SDR 信息，分别如图 5-2 和图 5-3 所示。

```
ipmitool -H 192.168.0.1 -U admin -P admin sel save sel-raw.log > sel-list.log
```

图 5-2

```
ipmitool -H 192.168.0.1 -U admin -P admin sdr list all > sdr-list.log
```

图 5-3

服务器内存的维修方法及流程

内存的维修方法,在前面我们已经有所讲解,通常内存故障的成因主要有内存松动、内存不良、主板上的内存插槽不良、内存金手指氧化等,我们通常首先查看内存是否还能够被识别,若不能被识别我们用前面介绍的方法进行维修,若无法解决故障再看 SEL log 和 MCE log 的内存报错信息,根据报错信息来判断故障内存的位置,最后更换内存。内存不能被识别的故障比较好处理,直接更换即可。但是还有一种故障是内存能够被识别但报 ECC 错误,本节我们重点讲解此类故障的解决方案。

1. 获取内存信息

1)在 BIOS 界面下查看内存信息

开机后按【Delete】键或【F2】键(根据机型不同而异)进入 BIOS;依次选择"Advanced"→"memory"→"DIMM",查看内存是否能够全部被识别,找到不能识别内存的槽位,然后更换此槽位内存。

 注意:
　不同机型、不同 BIOS 版本的查看方式会有所不同,请以实际为准。

2)在无盘界面下查看内存信息(此方法适合某家厂商所有机型)

(1)查看及保存 SEL 信息的命令:ipmitool sel list、ipmitool sel list ● sel. log。

(2)保存 SEL raw data 的命令:ipmitool sel save sel-raw. log。

(3)查看 sel. log 文件的命令:cat sel-raw. log |more。

(4)在 log 文件下查看是否有 ECC 报错信息。

3)在 DOS 界面下查看内存信息(下列操作均在自己的计算机上进行)

(1)将自己的计算机用网线连接到服务器的 BMC 管理口上;

(2)用 Tftpd32 软件给服务器分配一个 IP 地址;

(3)把 ipmi 文件放到自己计算机的 C 盘目录下(目录位置可自定义,非绝对),如图 5-4 所示。

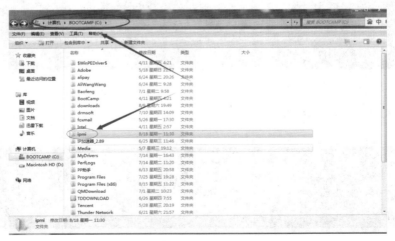

图 5-4

（4）进入 DOS 界面，输入图 5-5 所示命令。

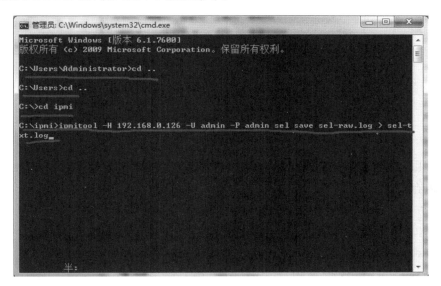

图 5-5

必须要到 ipmi 文件下输入以下命令：

ipmitool -H 192.168.0.126 -U admin -P admin sel save sel-raw.log > sel-txt.log

此命令中的 IP 地址（192.168.0.126）是软件分配给服务器的 IP 地址。此命令会生成 sel-txt.log 文件，生成文件的名称可自定义。

（5）生成图 5-6 圆圈内所示文件。

图 5-6

2.故障内存定位

（1）用 Word 文档打开通过上述操作获取的 sel-raw.log（sel-txt.log）文件，查看♯前三位内容即可，如图 5-7 所示。data2 代表第二个内存，data3 代表第三个内存。不同厂商的机型会有所不同,须遵循厂商售后维修标准。例如,有的机型需要 data2 和 data3,有的机型只需要 data3。

图 5-7

（2）在 log 文件下查看是否有 ECC 报错信息,根据 ECC 报错信息和相关信息确定是哪个位置的内存报错。

例如:

① K900、K800 机型。

0x04 0x0c 0x7c 0x6f 0x20 0x01 0xb0　#　Memory　#0x7c Correctable ECC

根据上述信息,结合报错内存 ECC 对应槽位与参数表确认是 CPU1 B0（CPU1_DimmB0）位置（具体物理位置请参考相应机型的用户说明书）的内存报错。

② K600 B700 机型。

0x04 0x0c 0x08 0x6f 0x20 0xff 0x21　#　Memory　#0x08 Correctable ECC

根据上述信息（data3）,结合报错内存 ECC 对应槽位与参数表确认是 DIMM B1（Node0_Dimm3）位置（具体物理位置请参考相应机型的用户说明书）的内存报错。

 **本章练习**

1. 查看及保存 SEL 信息的命令是什么?
2. 描述用 Tftpd32 软件给服务器分配 IP 地址的详细步骤。
3. 列举几种定位故障内存的方法。

第6章 服务器 BMC log 的快速处理手册

学习本章内容,可以获取的知识:
- 熟悉 BMC log 的使用方法
- 熟悉 BMC 可以定位哪些故障
- 熟悉如何通过 BMC 解决故障

本章重点:
- △ 通过 BMC log 定位内存故障
- △ 通过 BMC log 定位 PCIe 设备故障
- △ 通过 BMC log 定位 CPU 设备故障
- △ 服务器常见 MCE log 分析

在前面章节我们已经简单了解了 BMC 的作用,通俗来讲,BMC 的主要功能是自动监视平台系统管理事件,把发生的事件记录在非易失的系统事件日志(system event log,SEL)中,所以 BMC log 是我们判断故障最为准确的依据,当我们接到工单后,无论工单报何种故障(PSU 和 FAN 故障除外),我们都必须到无盘系统(或者自己带的 U 盘 Linux 系统)下查看 BMC log,避免被误导。

6.1 相关 log 的获取

登录自带的 U 盘 Linux 系统或服务器的无盘系统(开机时按【F12】键进入,用户名为 root,密码由客户提供),输入下列命令(下列命令适用于部分厂商机型,具体须依据产品手册):

```
ipmitool sel list > sel-txt.log
ipmitool sel save sel-raw.log
lspci-vvv > pciinfo.log
dmesg > dmesg.log
```

这样就导出来以下四个相关文件。

1. sel-txt. log

这个文件主要用来查看故障发生的时间以及粗略定位。

2. sel-raw. log

这个文件是判断错误类型和定位故障设备的主要依据。

3. pciinfo. log

这个文件会显示该服务器所有 PCI 设备（常用的设备大多采用 PCI 总线）的信息，例如 PCI 设备的 BDF（设备 ID，如 2:2.0、87:01.0 等）、类型、厂商信息等。

4. dmesg. log

这个文件显示 Linux 内核的环形缓冲区信息，我们可以从中获得诸如系统架构、CPU、挂载硬件、RAM 等多个运行级别的大量系统信息（包括系统日志的错误信息）。

产生 BMC SEL 故障的原因最常见的有三大类：内存故障、PCIe 设备故障和 CPU 故障。下面我们就来谈谈如何快速、准确地判断这三大类故障。

6.2 内存故障

6.2.1 内存故障日志示例

按照前面介绍的操作流程获取日志，日志内容如图 6-1 所示。

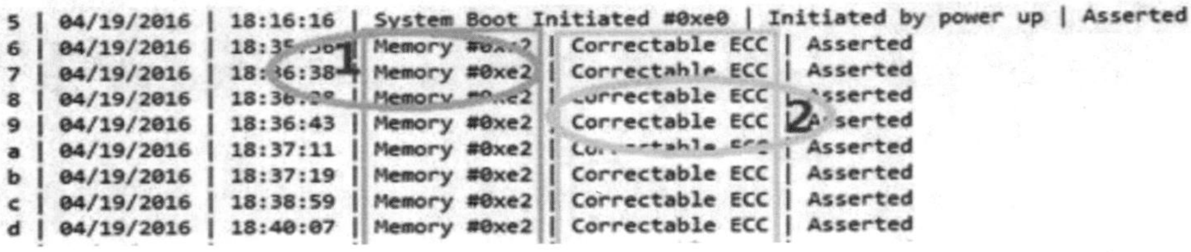

```
5 | 04/19/2016 | 18:16:16 | System Boot Initiated #0xe0 | Initiated by power up | Asserted
6 | 04/19/2016 | 18:35:56 | Memory #0xe2 | Correctable ECC | Asserted
7 | 04/19/2016 | 18:36:38 | Memory #0xe2 | Correctable ECC | Asserted
8 | 04/19/2016 | 18:36:20 | Memory #0xe2 | Correctable ECC | Asserted
9 | 04/19/2016 | 18:36:43 | Memory #0xe2 | Correctable ECC | Asserted
a | 04/19/2016 | 18:37:11 | Memory #0xe2 | Correctable ECC | Asserted
b | 04/19/2016 | 18:37:19 | Memory #0xe2 | Correctable ECC | Asserted
c | 04/19/2016 | 18:38:59 | Memory #0xe2 | Correctable ECC | Asserted
d | 04/19/2016 | 18:40:07 | Memory #0xe2 | Correctable ECC | Asserted
```

图 6-1

（1）SEL list（这是 * TB800G4 机型的 sel-txt. log 文件内容）示例：

图 6-1 中，圆圈里面的内容为故障发生时间以及粗略定位，其中第 1 部分为信息类型（Memory）和信息编号（♯0xe2），第 2 部分为错误类型。

（2）SEL raw data（这是 * TB800G4 机型的 sel-raw. log 文件内容）示例。

示例一：

    0x04 0x0c 0xe2 0x6f 0xa1 0x00 0x80# Memory # 0xe2 Uncorrectable ECC

示例二：

    0x04 0x0c 0xe2 0x6f 0xa0 0x50 0x80# Memory # 0xe2 Correctable ECC

上述示例中，0x0c、0xe2 分别是信号类型（sensor type）和信号编号（sensor number），第六位是内存具体位置。

（3）* K900、* K800 机型 sel-raw. log 文件内容示例：

    0x04 0x0c 0x7c 0x6f 0x20 0x01 0xb0# Memory # 0x7c Correctable ECC

（4）K600、B700 机型 sel-raw. log 文件内容示例：

    0x04 0x0c 0x08 0x6f 0x20 0xff 0x21 # Memory # 0x08 Correctable ECC

注：0x0c 或 0x80 之类的数据是十六进制。

6.2.2 内存故障判断

上述示例中,在 ＊TB800G4 机型的 sel-raw. log 文件中,只要确定第二个字节(sensor type)是 0x0c、第三个字节(sensor number)是 0xe2,再加上后面的“Memory”字段就可以判断此故障必定是内存故障。

而其他几个机型的 data 信息则有所不同,如上述示例中 ＊k900、＊k800 机型的 data2 和 data3。

6.2.3 故障内存位置定位

在上述 ＊TB800G4 机型的 sel-raw. log 文件内容示例中,第六个字节(event data 2) 0x00 或 0x50 就是故障内存的具体位置(DIMM location),要参照 ECC 报错对照表(见图 6-2(a))来确定。

由图 6-2(a)可知,本示例中 0x00 和 0x50 所对应的内存位置分别为 CPU0 DIMM A0 和 CPU1 DIMM C0。具体物理位置如图 6-2(b)所示(主板上标出了具体位置)。

CPU0 DIMM A0	0x00
CPU0 DIMM A1	0x01
CPU0 DIMM B0	0x08
CPU0 DIMM B1	0x09
CPU0 DIMM C0	0x10
CPU0 DIMM C1	0x11
CPU0 DIMM D0	0x18
CPU0 DIMM D1	0x19
CPU1 DIMM A0	0x40
CPU1 DIMM A1	0x41
CPU1 DIMM B0	0x48
CPU1 DIMM B1	0x49
CPU1 DIMM C0	0x50
CPU1 DIMM C1	0x51
CPU1 DIMM D0	0x58
CPU1 DIMM D1	0x59

(a)　　　　　　　　　　　　　　(b)

图 6-2

而 ＊K900、＊K800 机型根据 data2、data3 信息,结合 ECC 报错对照表确认是 CPU1 B0 (CPU1_DimmB0)位置(具体物理位置请参考相应机型的用户说明书)的内存报错。

K600、B700 机型根据 data3 信息,结合 ECC 报错对照表确认是 DIMM B1(Node0_Dimm3)位置(具体物理位置请参考相应机型的用户说明书)的内存报错。

> **注意:**
> 以上介绍的故障内存定位方法只是列举了某一家厂商某几个型号机型。厂商、机型不同,ECC 报错对照表有所差异,请以实际厂商提供的为准,但操作流程基本相同。

6.3 PCIe 设备故障

6.3.1 PCIe 设备故障日志示例

（1）SEL list 示例（sel-txt. log 文件内容）。

图 6-3 所示为故障发生时间以及粗略定位，其中第一部分为信息类型（Critical Interrupt）和信息编号（♯0x7c），第二部分为错误类型（这部分的描述可能因机型的不同而有所差异）。

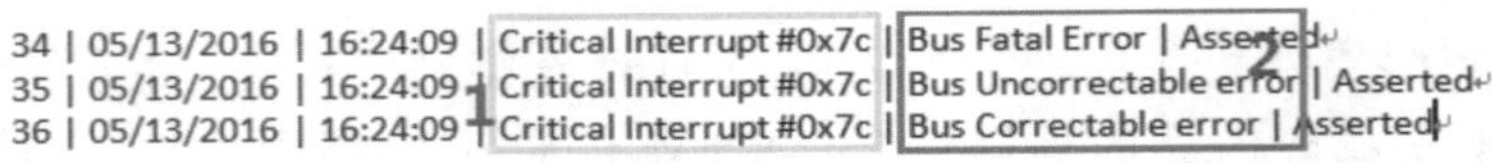

```
34 | 05/13/2016 | 16:24:09 | Critical Interrupt #0x7c || Bus Fatal Error | Asserted
35 | 05/13/2016 | 16:24:09 | Critical Interrupt #0x7c || Bus Uncorrectable error | Asserted
36 | 05/13/2016 | 16:24:09 | Critical Interrupt #0x7c || Bus Correctable error | Asserted
```

图 6-3

（2）SEL raw data 示例（sel-raw. log 文件内容）：

示例一：

```
0x04 0x13 0x7c 0x6f 0x24 0x82 0x00 #  Critical Interrupt # 0x7c PCI PERR
```

示例二：

```
0x04 0x13 0x7c 0x6f 0x28 0x80 0x18 #  Critical Interrupt # 0x7c Bus Uncorrectable error
```

上述示例中，0x13、0x7c 分别是信号类型（sensor type）和信号编号（sensor number），第六个字节是 PCIe 设备的总线编号（bus number），第七个字节是 PCI 设备的设备编号（device number）和功能编号（function number）。

关于 PCIe 设备故障的 SEL 会直接显示错误类型，比如 ♯ Critical Interrupt ♯0x7c PCI PERR 表示发生 PERR（parity error）。基本上除了 correctable error，其他 fatal、uncorrectable error 都有可能会导致宕机，如果 correctable error 频繁发生则可能会使机器运行变慢。

6.3.2 PCIe 设备故障判断

上述 SEL raw data 示例中，只要确定第二个字节（sensor type）是 0x13、第三个字节（sensor number）是 0x7c，再加上后面的"Critical Interrupt"字段就可以判断此故障必定是 PCIe 设备故障。

也可以说，只要 SEL raw data 信息的第二、第三个字节分别是 0x13 和 0x7c，结合第三部分的关键字信息（Bus、PCI）就可以判断此故障是 PCIe 设备故障。

另外，需要注意上述 SEL raw data 示例中第三部分内容出现的"PCI"或"Bus"字样：凡是"PCI"字样的报错，都指向某个具体的 PCIe 设备（指向某个 PCIe 设备的 BDF 信息）；而"Bus"字样的报错，大多指向的则是 PCIe 根端口（即根端口的 BDF 信息。SEL 把 0x00 和 0x80 定义为根端口），故障设备具体的 BDF 信息还要根据根端口信息来确定。

> **注意：**
> BDF 是 bus number、device & function number 的缩略词，在设备详细信息（用 lspci 获取）的行首位置。

6.3.3　故障 PCIe 设备位置定位

上述 sel-raw.log 文件示例内容中,第六个字节(event data 2)0x82(bus number)或 0x80 和第七个字节(event data 3)0x00 或 0x18(device & function number)就是故障 PCIe 设备的 BDF 信息。

具体算法如下所述。

示例一:某一型号机器的算法如图 6-4 所示。

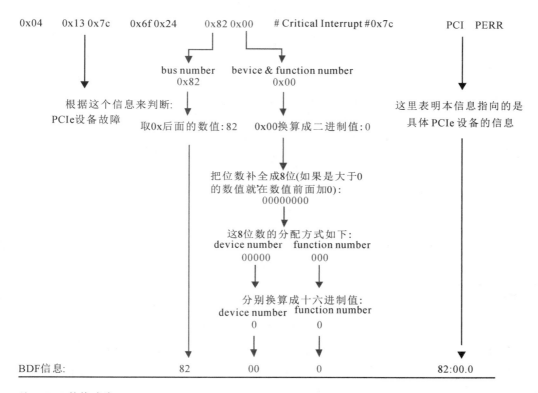

注：BDF 的格式为 XX:XX.X

图 6-4

根据图 6-4 所示方法获得 PCIe 设备的 BDF 信息为 82:00.0,再去 pciinfo.log 文件中查找 82:00.0 对应的是哪个设备(也可以直接用命令查找这个设备:lspci-vvv | grep-A 30 82:00.0),比如:

82:00.0 Ethernet controller：Intel Corporation I350 Gigabit Network Connection(rev 01)

通过上面查找到的信息,我们可以判断发生故障的是网卡,按照该机型的备件物料号更换网卡即可,若该网卡是集成在主板上的,则需要更换主板。

示例二:某机器的算法如图 6-5 所示。

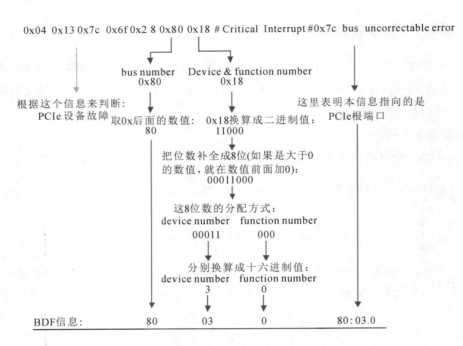

图 6-5

根据图 6-5 所示方法获得 PCIe 设备的 BDF 信息为 80:03.0。

6.4 CPU 故障

CPU 故障产生的 BMC SEL 一般有这几种类型：CPU QPI errors、CPU Core errors、IOH QPI errors、IOH Core errors、Intel VT-d errors、Cbo errors 等。

CPU 故障比较复杂，但是可以引起宕机并且遇到比较多的则是 CPU QPI errors 或者 CPU core errors，下面就针对这两种故障进行讲解。

判断方法示例如下所述。

SEL raw data 示例(sel-raw.log 文件内容)：

```
0x04 0x07 0x7c 0x6f 0x25 0xA2 0x00 #  Processor # 0x7c Configuration Error
```

1. 判断 CPU 故障

SEL raw data 示例中，如果第二个字节为 0x07、第三个字节为 0x7c 或 0x7d，结合第二部分内容的"Processor"字样，就可以判断此 BMC SEL 故障类型为 CPU 故障，可以针对 CPU 故障进行下一步排查，确认 CPU 的错误类型和具体故障槽位。

2. 判断 CPU 错误类型

SEL raw data 示例中，第六个字节 0xA2 的值表示 CPU 错误的类型和严重性(error source|error severity)：

如果是 0xA2/A3，这说明这个错误是 CPU QPI errors，错误的严重性为：fatal error/correctable error；

如果是 0x92/93,这说明这个错误是 CPU Core errors,错误的严重性为:fatal error/correctable error。

3. 定位报错 CPU 的槽位

SEL raw data 示例中,第七个字节 0x00 的值表示 CPU 槽位号和 QPI 端口编号(socket & QPI port number)。

由于错误类型以及设备型号的不同,没有一个统一的算法,在实际工作中要通过查看相关机型的 BMC 定义和 CPU 交叉测试来确定报错的 CPU。当然,如果第七个字节为 0x00,那无疑就是 CPU0 了,在这个示例里就是 CPU0 出现 QPI fatal error。

CPU 报错 SEL 示例及解析补充:

```
0x04 0x07 0x7d 0x6f? 0xa5 0x82 0x00? #  Processor # 0x7d Configuration Error
```
解析:0xa5 > Configuration Error

0x82 > ITC Error,? Parity error in the incoming data from PCIe,

0x00 > Socket 0 (Bit5)

```
0x04 0x07 0x7d 0x6f? 0xa5 0x82 0x20? #  Processor # 0x7d Configuration Error
```
解析:0xa5 > Configuration Error,

0x82 > ITC Error,? Parity error in the incoming data from PCIe,?

0x20? > ? Socket 1 (Bit5)

因涉及两个 CPU 以及 PCIe 设备的传输问题,维修意见如下:先更换主板,测试几天没有问题后再结单。

特别注意:每次维修工作结束后一定要把 BMC 的 SEL 备份后再清零,有以下两种清零的操作方法。

(1) 在无盘系统下执行命令(推荐用这种方法):ipmitool sel clearn。

(2) 在不方便进入无盘系统时,进入 BIOS,找到 Server Mgmt 菜单下的 Erase SEL(有三个设置选项),选择"Yes,On next reset",如图 6-6 所示,这样系统就会在重启的时候执行 SEL 清零动作(此命令只对当次清零动作有效)。如果选择"Yes,On every reset"的话,如图 6-7 所示,系统每次启动时都会自动把 SEL 清零。大家可以根据需要使用这两个设置选项。

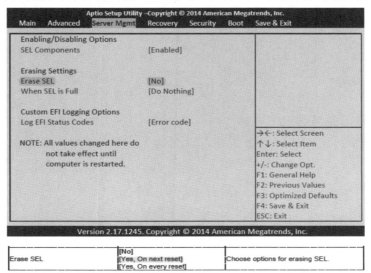

图 6-6

| Erase SEL | [No]
[Yes, On next reset]
[Yes, On every reset] | Choose options for erasing SEL. |

图 6-7

 本章练习

1. BMC log 可以解决哪些硬件故障?

2. 根据 BMC log 中的哪些内容可以判断内存故障?

3. 简述 PCIe 设备故障判断的标准。

第7章 MCE log 分析

学习本章内容,可以获取的知识:
- 熟悉 MCE log 的作用
- 熟悉 MCE log 报错的定位
- 熟悉 MCE check tool 的使用

本章重点:
- △ MCE log 的概念
- △ MCE check tool 的安装方法
- △ 通过 MCE log 定位故障

7.1 MCE log 说明

MCE log 是 X86 的 Linux 系统上用来检查硬件错误(特别是内存和 CPU 错误)的工具。

通常,发生 MCE 报错的原因有以下几种。

(1) 内存报错或者 ECC 问题。

(2) 处理器过热。

(3) 系统总线错误。

(4) CPU 或者硬件缓存错误。

(5) cache 错误、TLB 错误、内部时钟错误。

(6) 不恰当的 BIOS 配置、Firmware bug、软件 bug。

一般来说,当有错误提示时,需要优先注意内存问题,但由于目前主流设备的内存控制器是集成在 CPU 里的,所以有个别错误是由 CPU 问题引起的。

7.2 MCE check tool

Linux 系统下,mcelog 命令可以检测 MCE 错误。

不同版本的 MCE log 支持的 CPU 类型不同,为了适配最新的 CPU,建议用最新版本的 MCE log。

下载网址:https://git.kernel.org/pub/scm/utils/cpu/mce/mcelog.git。

安装方法一(Redhat/CentOS):

```
tar -zxvf mcelog-154.tar.gz
cd mcelog-154
make
make install
```

安装方法二(CentOS):

```
yum -y install mcelog
```

7.3 查看 MCE log 支持的 CPU 类型

通过命令 mcelog -help 可以查看当前使用的 MCE log 所支持的 CPU 类型,如图 7-1 所示,如果你所用的 CPU 不在列表内,建议更新 MCE log。

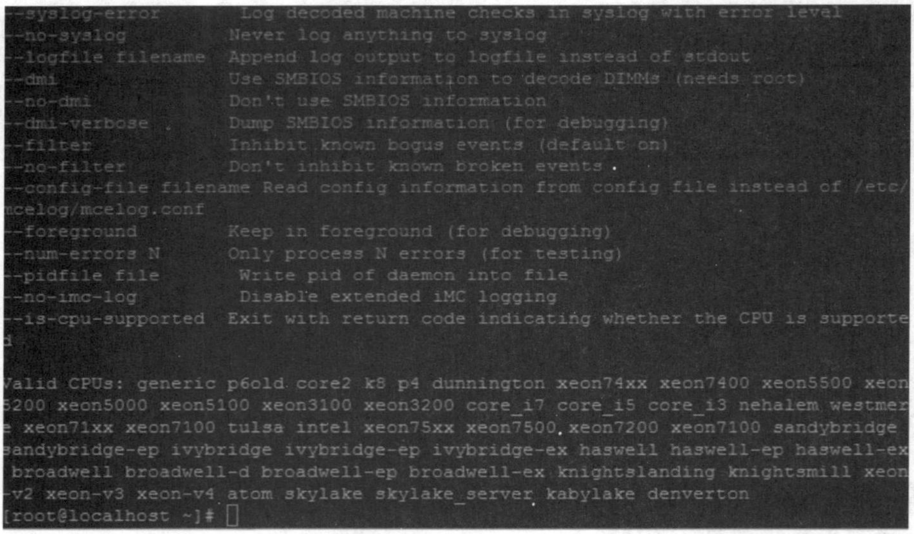

图 7-1

MCE Error log 的默认位置一般为/var/log/mcelog,可以从中得到报错信息,如图 7-2 所示。

图 7-2

7.4 对 MCE log 报错的定位

对 MCE log 报错的定位,需要两个要素:CPU 位置和 Bank 位置。

1. CPU 位置

CPU 位置可以根据 MCE log 中的信息来直接确定,可以用图 7-3 所示命令来确认 CPU 位置的正确性。

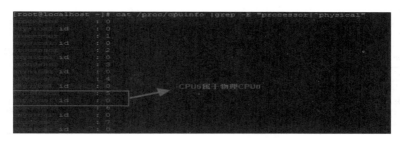

图 7-3

2. Bank 位置

CPU 类型不同,Bank number 对应的报错设备信息也不同,这里主要介绍 Grantley(＊800G3)平台和 Purley(＊B800G4)平台的对应关系。

Grantley 平台下 CPU 处理器错误报告中的 Banks 和 MSR 地址如图 7-4 所示。

Machine Bank Number[3]	Processor Module	IA32_ MCi_CTL	IA32_ MCi_STATUS	IA32_ MCi_ADDR	IA32_ MCi_MISC	IA32_ MCi_CTL2	Processor Support
MC0	IFU	0x400	0x401	x402	x403	0x280	all
MC1	DCU	0x404	0x405	0x406	0x407	0x281	all
MC2	DTLB	0x408[1]	0x409	0x40A	0x40B	0x282	all
MC3	MLC	0x40C	0x40D	0x40E	0x40F	0x283	all
MC4	PCU	0x410	0x411	0x412	0x413	0x284	all
MC5	Intel QPI [0]	0x414	0x415	0x416	0x417	0x285	EP, EP 4S, EX
MC6	IIO	0x418	0x419	0x41A	0x41B	0x286	EX
MC7	HA [0]	0x41C	0x41D	0x41E	0x41F	0x287	all
MC8	HA [1]	0x420	0x421	0x422	0x423	0x288	EP (2 HA), EP 4S, EX
MC9	IMC [0] (channel)	0x424	0x425	0x426	0x427	0x289	all
MC10	IMC [1] (channel)	0x428	0x429	0x42A	0x42B	0x28A	all
MC11	IMC [2] (channel)	0x42C	0x42D	0x42E	0x42F	0x28B	EN, EP (1 HA), EX
MC12	IMC [3] (channel)	0x430	0x431	0x432	0x433	0x28C	EP (1 HA), EX
MC13	IMC [4] (channel)	0x434	0x435	0x436	0x437	0x28D	EP (2 HA), EP 4S, EX
MC14	IMC [5] (channel)	0x438	0x439	0x43A	0x43B	0x28E	EP (2 HA), EP 4S, EX
MC15	IMC [6] (channel)	0x43C	0x43D	0x43E	0x43F	0x28F	EX
MC16	IMC [7] (channel)	0x440	0x441	0x442	0x443	0x290	EX
MC17	Cbo/LLC [0][2]	0x444	0x445	0x446	0x447	0x291	all
MC18	Cbo/LLC [1][2]	0x448	0x449	0x44A	0x44B	0x292	all
MC19	Cbo/LLC [2][2]	0x44C	0x44D	0x44E	0x44F	0x293	all
MC20	Intel QPI [1]	0x450	0x451	0x452	0x453	0x294	all
MC21	Intel QPI [2]	0x454	0x455	0x456	0x457	0x295	EX

图 7-4

由图 7-4 可以看出:与内存有关的 Bank 为 Bank7～Bank16,其中 Bank7、Bank8 为 DIMM Home Agent(Bank7、Bank8 报错时不排除 CPU 端故障)。

Bank7～Bank16 与内存位置的对应关系如表 7-1 所示。

表 7-1

Bank number	DIMM location
Bank7	DIMM Home Agent
Bank8	DIMM Home Agent
Bank9	CPU0_channel A
Bank10	CPU0_channel B
Bank11	CPU0_channel C
Bank12	CPU0_channel D
Bank13	CPU1_channel A
Bank14	CPU1_channel B
Bank15	CPU1_channel C
Bank16	CPU1_channel D

总结:

(1) Bank9～Bank16 可根据表 7-1 确定内存位置,但是只能确定到 channel,可更换这个 channel 上的内存。

(2) Bank7、Bank8 为 DIMM Home Agent,较大可能为 CPU 端故障,但不排除内存故障。

(3) Bank6 涉及 PCIe 和 PCH 上的设备,但不排除 CPU 故障。

(4) 其他 Bank,一般可判定为 CPU 故障。

7.5 Purley 平台

Purley 平台的 IMC 结构如图 7-5 所示。

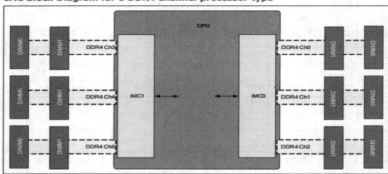

图 7-5

CPU 处理器错误报告中的 Banks 和 MSR 地址如图 7-6 所示。

Table 80. Processor Error Reporting Banks And MSR Addresses

Machine Bank Number[4]	Processor Module	IA32_MCi_CTL	IA32_MCi_STATUS	IA32_MCi_ADDR	IA32_MCi_MISC	IA32_MCi_CTL2
0	IFU	0x400	0x401	x402	x403	0x280
1	DCU	0x404	0x405	0x406	0x407	0x281
2	DTLB	0x408[1]	0x409	0x40A	0x40B	0x282
3	MLC	0x40C	0x40D	0x40E	0x40F	0x283
4	PCU	0x410	0x411	0x412	0x413	0x284
5	Intel UPI 0	0x414	0x415	0x416	0x417	0x285
6	IIO [3]	0x418	0x419	0x41A	0x41B	0x286
7	IMC 0, Main	0x41C	0x41D	0x41E	0x41F	0x287
8	IMC 1, Main	0x420	0x421	0x422	0x423	0x288
9	CHA [0][2]	0x424	0x425	0x426	0x427	0x289
10	CHA [1][2]	0x428	0x429	0x42A	0x42B	0x28A
11	CHA [2][2]	0x42C	0x42D	0x42E	0x42F	0x28B
12	Intel UPI 1	0x430	0x431	0x432	0x433	0x28C
13	IMC 0, channel 0	0x434	0x435	0x436	0x437	0x28D
14	IMC 0, channel 1	0x438	0x439	0x43A	0x43B	0x28E
15	IMC 1, channel 0	0x43C	0x43D	0x43E	0x43F	0x28F
16	IMC 1, channel 1	0x440	0x441	0x442	0x443	0x290
17	IMC 0, channel 2	0x444	0x445	0x446	0x447	0x291
18	IMC 1, channel 2	0x448	0x449	0x44A	0x44B	0x292
19	Intel UPI 2	0x44C	0x44D	0x44E	0x44F	0x293

图 7-6

CPU 到内存之间的路径：CPU→CHA→IMC→DIMM channel。由此可知与内存有关的 Banks 为 Bank7～Bank11、Bank13～Bank18。

Banks 与内存位置的对应关系如表 7-2 所示。

表 7-2

Bank number	DIMM location
Bank7	IMC0
Bank8	IMC1
Bank9	CHA0
Bank10	CHA1
Bank11	CHA2
Bank13	DIMM channel A
Bank14	DIMM channel B
Bank15	DIMM channel D
Bank16	DIMM channel E
Bank17	DIMM channel C
Bank18	DIMM channel F

总结：

（1）CPU 位置需要通过 MCE log 来确定。

（2）Bank13～Bank18 可根据表 7-2 确定内存位置，但是只能确定到 channel，可更换这个 channel 上的内存。

(3) Bank7~Bank11 为 DIMM channel 的上一级控制器，较大可能为 CPU 端故障，但不排除内存故障。

(4) Bank6 涉及 IIO(integrated I/O)设备，但不排除 CPU 故障。

(5) 其他 Bank，一般可判定为 CPU 故障。

发生 MCE log 报错后，先确定 BMC SEL 中是否有相关报错，如果有，则根据 BMC SEL 定位故障位置，MCE log 为参考。

 本章练习

1. 简述 MCE log 的作用。

2. 独立完成 MCE check tool 的安装。

3. 实验操作：查看当前使用的 MCE log 所支持的 CPU 类型。

4. 简述从 MCE log 可以得到哪些信息。

5. 简述如何通过 MCE log 报错找到 CPU 故障位置。

第 **8** 章 机房管理制度和消防安全

学习本章内容,可以获取的知识:
- 对机房管理制度有新的认识
- 对机房消防安全知识有系统的认识

本章重点:
- △ 机房管理制度
- △ 机房消防安全知识、机房火灾逃生方法

8.1 数据中心安全管理

（1）数据中心实行安全岗位责任制,分别设有安全第一责任人、安全第二责任人,他们主要负责安全工作,并经常进行安全检查、监督、指导。

（2）所有进入数据中心的人员,需要按照各数据中心的运营或管理方案要求出示有效身份证件和工作证件。

（3）数据中心是信息资源网络核心,除管理员外任何人未经许可严禁入内。外来参观人员或系统调试人员进入数据中心机房时,必须按照要求进行登记。

（4）授权通过的服务器售后工程师进入机房时,必须按照机房的要求(若无要求则无需执行)穿鞋套(或踩踏防静电粘尘垫 3 次),长发人士(前发没过眉毛,后发没过脖颈)必须佩戴发套。

（5）禁止在机房中私自连接电线、乱用电器。禁止携带易燃、易爆、易腐蚀物品进入机房。

（6）严禁在机房的任何区域内吸烟。严禁未经正式授权的录影、录像。

（7）严禁在机房内部、仓库内部饮食。严禁携带任何背包、包裹进入机房。

（8）严禁触碰任何非授权设备,对已授权的操作必须严格核实操作人员和工单内容。
服务器售后工程师必须遵守当地运营商的机房管理规范:

（1）临时设备（手机、充电器、笔记本计算机等）加电时只能使用市电（墙电），严禁使用机柜 UPS 电源（PDU）。任何 USB 取电设备禁止插入服务器 USB 口。相关工具、电源线等向驻场工程师索取。

（2）在服务器维修过程中，涉及机柜背后操作时，必须二次核实机房包间号、机柜前（后）门编号、位置号、SN 号、Aliid 号、机型型号，避免找错设备或机柜。

（3）在有驻场人员陪同时，待维修设备的所有线缆都必须由驻场陪同人员插拔，售后工程师只能上架、下架没有任何连接线的服务器。

8.2 机房操作红线

（1）严禁执行无工单的任何操作。

（2）严禁执行非金石集团售后品牌产品的操作，除了有特别审批的。

（3）操作前必须核实此 6 项信息与工单全部一致：机房包间号、机柜前（后）门编号、位置号、SN 号、Aliid 号、机型型号。

（4）严禁操作、触碰工单外的其他任何设备、任何电源线、网线、空调、电源柜。

（5）关机操作、断电操作只能由用户的驻场工程师执行。

（6）必须第一时间将故障磁盘交还用户驻场工程师进行登记和 SN 的核实。

（7）严禁触碰任何非服务器设备，如 1U 交换机、大型核心交换机、网线/光纤配线架、电力柜。

（8）严禁以任何方式登录用户的业务系统（包括在无盘系统中用任何命令查看用户的硬盘信息）。

8.3 机房消防安全

8.3.1 机房消防安全概述

IDC 机房的 IT 系统运行和存储着核心数据，故 IT 设备及有关设备本身对消防安全有特殊要求。对这些重要设备设计好消防系统，是确保 IT 设备正常运作及保护好设备的关键所在。

机房消防系统禁止采用水、泡沫及粉末灭火剂灭火，宜采用气体灭火；机房消防系统应该是一个相对独立的系统，但必须能与消防中心联动。一般大中型计算机机房，为了确保安全和正确地掌握异常状态，一旦出现火灾能够准确、迅速地报警和灭火，就需要安装自动消防灭火系统。

8.3.2 机房消防安全规定

（1）工作人员应熟悉机房内部消防安全操作和规范，了解消防设备的操作原理，掌握消防应急处理步骤、措施。

（2）任何人不能随意更改消防系统的工作状态和设备的位置等，需要变更时必须有数据中心领导的批准，工作人员应当保护消防设备不被破坏。

（3）如发现消防安全隐患，立即采取安全处理措施，无法解决的安全隐患应及时向相关负责人汇报。

（4）应严格遵守粘贴于相应位置的操作指引和安全警示。

（5）每名工程师必须熟知值守机房的逃生路线，并明确消防警铃、声光报警器的位置和报警状态，熟知逃生标识的指示意义，掌握基本的消防逃生知识。

8.3.3 机房火灾逃生方法

机房火灾发生时产生的烟雾主要以一氧化碳为主，故具有强烈的窒息作用，对人的生命构成极大的威胁。

火灾逃生过程中要求人们沉着冷静、遵循正确的逃生路线、运用有效的逃生或避难方法。

逃生方法：在听到火灾报警后，不要迟疑，要在 30 秒内迅速跑出机房，奔向楼梯间并向下疏散，千万不要乘坐电梯，根据机房消防标识指示，逃离到安全地点。

当在逃离过程中遇到浓烟弥漫时，要尽量将身体贴近地面，如有条件可将衣物或者其他物品用水浸湿后捂住口鼻，以避免吸入大量烟尘而窒息。

在火场中，生命是最重要的，应尽快撤离，不要把宝贵的逃生时间浪费在撤离贵重物品上。

本章练习

1. 进入机房作业时必须要佩戴什么？

2. 如果机房发生火灾，听到报警器报警后，需要在多长时间内跑出机房？

3. 火灾烟雾的主要成分是什么？它会对人体造成什么样的危害？

4. 简述：如果你所在的机房发生火灾，你该如何逃生？